内容简介

本书主要介绍一些预测模型的优化策略及实际应用案例。全书共分为 8 章, 大致分为 3 个部分: 第 1 部分 (第 1 章、第 2 章) 介绍预测的基础及预备知识, 其中第 1 章介绍预测的基础知识, 第 2 章作为后面章节的预备, 主要介绍人工智能参数优化算法; 第 2 部分 (第 3～6 章) 介绍一些时间序列预测模型的优化方法及应用, 其中第 3 章介绍时间序列中缺失数据预测优化填充处理方法, 第 4 章介绍指数平滑预测优化模型及其应用, 第 5 章介绍 BP 神经网络预测优化模型及其应用, 第 6 章介绍 GRU 神经网络预测优化模型及其应用; 第 3 部分 (第 7 章、第 8 章) 介绍一些时间序列拟合预测模型的优化方法及其应用, 内容涉及 Weibull 分布拟合预测优化模型和双侧截尾正态分布拟合预测优化模型。每章都附有实际应用案例, 以便让读者更好地理解相关预测模型, 并对其优化性能有更深刻的感知。

本书可作为统计及相关专业的研究生教材, 也可供对预测有兴趣的研究人员和工程技术人员阅读。

预测模型的优化及应用

优化及应用

的

Optimization and Application
of Forecasting Models

吴 洁◎著

中国科学技术出版社
·北京·

图书在版编目（CIP）数据

预测模型的优化及应用 / 吴洁著. —北京：中国科
学技术出版社, 2022.8
ISBN 978-7-5046-9790-5

I. ① 预… II. ① 吴… III. ① 预测－模型－研究
IV. ① G303

中国版本图书馆 CIP 数据核字 (2022) 第 155194 号

策划编辑	王晓义
责任编辑	杨　洋
封面设计	中文天地
正文设计	吴　洁
责任校对	张晓莉
责任印制	徐　飞

出　　版	中国科学技术出版社
发　　行	中国科学技术出版社有限公司发行部
地　　址	北京市海淀区中关村南大街 16 号
邮　　编	100081
发行电话	010–62173865
传　　真	010–62173081
网　　址	http://www.cspbooks.com.cn

开　　本	889mm×1194mm　1/16
字　　数	197 千字
印　　张	12
版　　次	2022年8月第1版
印　　次	2022年8月第1次印刷
印　　刷	北京富资园科技发展有限公司
书　　号	ISBN 978-7-5046-9790-5 / G・977
定　　价	59.00 元

前　言

这是一本关于预测模型优化及应用的著作，内容涉及对时间序列预测模型进行优化，并给出相应的应用实例，从而让读者更好地理解相关优化模型，并且主要侧重于解决以下几个问题：

1. 对于存在缺失数据的时间序列，除了常用的序列均值填充、中位数填充、线性趋势填充等方法，能否根据序列的具体特征，对缺失数据进行更为合理的填充？

2. 对于季节项与趋势项并存的时间序列，若单独考虑季节项对时间序列的影响，而不是直接使用趋势预测模型对整个时间序列进行预测，可否提高预测精度？

3. 神经网络输入变量和相关超参数与网络的预测精度息息相关，如何进一步优化网络的输入和相关超参数？

4. 是否有更优的参数估计方法可以用于预测并提高预测精度？大部分时间序列预测模型中含有未知参数，参数的不同估计值对模型的预测精度具有较大的影响。通常，可将参数估计分为点估计和区间估计两种。点估计是依据样本估计总体分布中所含的未知参数或未知参数的函数。通常它们是总体的某个特征值，如数学期望、方差或相关系数等。应用点估计就是要构造一个只依赖样本的量，作为未知参数或未知参数的函数的估计值。构造点估计常用的传统方法有矩估计法、极大似然估计法、最小二乘估计法、贝叶斯估计法、相关系数优化法、概率权重矩法和灰色估计法等。区间估计法是依据抽取的样本，根据一定的正确度与精确度的要求，构造出适当的区间，作为总体分布的未知参数或参数的函数的真值所在范围的估计。常用的构造区间的方法包括利用已知的抽样分布、区间估计与假设检验的联系或大样本理论构造区间。但是，这些参数确定方法均有一定的局限性和缺陷，例如：矩估计法虽然简单，只需知道总体的矩，不必知道总体的分布形式，但只能用于母体原点矩存在的分布，并且只集中了母体的部分信息，只有当样本容量较大时，此法才具有良好的性能。极大似然估计法则必须知道总体的分布形式，并且在一般情况下，给出参数估计的解析表达式是少见的。似然方程组的求解较复杂，往往需要在计算机上通过迭代运算才能计算出其近似解。最小二乘估计法可以用于线性系统，也可以用于非线性系统，还可用于离线估计和在线估计。在随机情况下，利用最小二乘估计法时，并不要求观测数据提供概率统计方法的信息，但具有两方面的缺陷：一是当模型噪声是有色噪声时，最小二乘估计不是无偏、一致估计；二是随着数据的增长，将出现所谓的"数据饱和"现象。贝叶斯估计法将需要估计的参数视为随机变量，需要事先确定待估参数的先验分布，方可进行参数估计，且需要知道随机误差项的具体分布形式，在样本量较少的情形下，先验分布对估计的影响较大。

5. 对于一些特殊的时间序列，常用的拟合预测或预测误差评判准则均存在一些缺陷，如：某些误差评判准则的定义对含特殊值 (如 0) 的时间序列无意义，或用定义在离散值上的误差评判准则去衡量连续型变量的拟合预测或预测误差，倘若仍使用这些常见的拟合预测或预测误差评判准则，即使得到的误差值较小，对应模型仍不具有信服度。可否利用新的误差评判准则衡量预测或拟合预测的误差呢？

针对以上这些问题，本书致力于在寻求这些问题答案的同时，介绍一些预测优化模型，力求让读者理解预测模型的一些优化思想。

预测的最终目的是要将预测结果付诸实际应用。因此，本书在介绍相关预测模型的优化方法之外，对每种优化方法均提供了实际应用案例，以便让读者更好地理解相关预测模型，并对优化效果有更深刻的感知。众所周知，随着能源需求的增加，仅靠传统的煤等有限的化石能源已不足以满足人们对能源的需求，并且，传统的化石能源会造成环境污染以及温室效应。因此，急需寻求并开发新的可再生且洁净的能源，而风能就是这样一种能源。由于风能跟风速的三次方成正比，因此，风速预测的准确与否将对风能资源的开发和评估决策产生重大的影响。鉴于此，本书第 3 章，缺失数据预测优化填充模型被应用于"一带一路"沿线的福建省福州站点的风速预测中；本书第 4 章，指数平滑预测优化模型被应用于甘肃省河西走廊四站点 (酒泉、马鬃山、武威以及张掖) 的风速预测中；本书第 5 章，选取了河西走廊另外一个站点——民勤，采用 BP 神经网络预测优化模型对其风速进行了预测；本书第 6 章，以"一带一路"沿线福州站点及另外两个站点的风速预测为例，验证了典型深度学习网络——GRU 网络预测优化模型的有效性。风能资源的进一步开发和利用是满足时下能源需求的有效手段。为了评估相关站点的风能可利用度，需对该站点的风属性和特征进行统计研究，而风速的概率分布是重要特征之一。本书第 7 章，将 Weibull 分布拟合预测优化模型应用于中国内蒙古自治区风速数据的概率密度拟合预测中。常见数据中常包含一些异常值。异常值检测在现实生活中的众多领域都起着很重要的作用，如检测网络中的异常入侵，保障无线网络的通畅运行，垃圾邮件检测及过滤，防御犯罪行为和识别安全威胁以及飞机异常检测等。本书第 8 章将双侧截尾正态分布拟合预测优化模型应用于实际的 Iris 数据以及 fourclass 数据构造的异常值检测中。

本书的出版得到了西北民族大学运筹学与控制论创新团队和中央高校基本科研业务费项目 (项目号：31920200065) 以及国家自然科学基金 (项目号：71861030) 的资助。本书在编写过程中参考借鉴了一些学者的文献和著作，在参考文献列表中已一一列出相关文献信息，在此一并表示衷心的感谢!

本书更适合预测相关领域的研究生，以及具有类似背景的对预测感兴趣的人士。在内容上覆盖到的部分较为有限，更多的内容留待读者进一步去挖掘和学习。笔者才疏学浅，对预测相关领域仅略知皮毛，加之时间和精力有限，书中错谬之处在所难免，若蒙读者诸君不吝赐教并告知，将不胜感激。

吴 洁

2022年2月

目　　录

第 1 章 绪 论

1.1 预测概述

1.1.1 预测的定义

根据已知事物的过去值和现在值建立模型, 预知事物的未来值或未来状态的过程, 称之为预测. 它是在一定的理论基础上, 以事物发展的过去和现在值或状态为出发点, 以数据挖掘和数据分析为手段, 在对事物发展过程进行深刻的定性分析和严密的定量分析的基础上, 利用已经掌握的知识和手段, 研究并认识事物的发展变化趋势, 进而对事物发展的未来变化预先做出科学推测的过程.

依据不同的分类准则, 可对预测进行不同的分类, 如根据用途可将预测分为经济预测、技术预测以及需求预测等; 根据预测时间的长短, 可将预测分为短期预测、中期预测以及长期预测等.

预测的重要意义在于它能够在对事物客观规律认知的基础上, 借助大量的采样信息和现代化的计算手段, 较准确地揭示出客观事物运行中的发展趋势与事物之间的相关关系, 预见到未来可能出现的情况, 勾画出未来事物发展的大致方向, 提出各种可以互相替代的发展方案, 从而使得人们具有了战略和统筹眼光, 使得决策有了充分的科学依据.

1.1.2 预测的原则

预测不仅要借助数学、统计学等方法论, 也要借助于先进的手段. 进行预测需遵循以下原则:

(1) 相关原则: 预测模型中所使用的自变量与因变量需有一定的相关性, 否则认为变量的选取是不合理的. 常见的相关有正相关与负相关. 从概率统计角度来讲, 两随机变量之间的相关系数为正便认为是正相关, 为负是负相关.

(2) 惯性原则: 作为预测的理论基础, 需预测的变量要求其具有一定的惯性, 即预测变量原来的趋势或状态仍会维持一定的时间.

(3) 类推原则: 依据变量现在的取值, 根据一定的政策或条件, 由政策或条件与变量之间的关联性, 推测变量以后的变化趋势.

(4) 概率推断原则: 预测不可能做到完全准确, 通常我们借助于概率来估算变量的下一个状态或趋势. 如 Markov 链模型就是将变量概率最大的状态作为下一时刻该变量的状态, 借助于该原则来给出变量的预测.

1.1.3　预测的步骤

无论采用何种预测方法, 进行预测时都必须遵循以下几个步骤:

(1) 明确预测用途, 即确定预测需达到的目标.

(2) 选择预测对象, 即确定对什么对象进行预测.

(3) 决定预测的时间跨度, 即确定预测的时间跨度是短期、中期抑或长期.

(4) 确定预测模型, 即根据预测对象的特点和属性选择合适的预测模型.

(5) 收集预测所需数据, 即对预测模型中的自变量及因变量进行数据采样.

(6) 验证预测模型, 即对预测模型的合理性及有效性进行验证.

(7) 做出预测, 即在验证了模型合理性及有效性的基础上, 依据预测目标给出最终的预测值.

(8) 将预测结果付诸实际应用, 即将预测得到的结果应用到实际中去.

1.2　时间序列的预测概述

1.2.1　时间序列的定义

时间序列是指随着变量 t 的变化, 在给定变量大小 $t_1 < t_2 < \cdots < t_T < \cdots$ 的情形下, 由因变量 $y(t_1), y(t_2), \cdots, y(t_T), \cdots$ 形成的离散有序数据集合, 常将其记为 $\{y_t\}$. 最常见的时间序列是变量 t 表示时间, 按照时间的先后顺序排列的观测数据. 需要指出的是, 时间序列中的变量 t 不一定指的是时间, 也可以是其他的物理量, 只要这个物理量取值单调递增即可.

1.2.2　时间序列的预测

客观中存在的时间序列种类繁多, 但在大多数情形下, 均可认为时间序列是由某一随机过程产生的, 即时间序列可体现一个随机过程的特性. 也就是说, 可以利用这样一个体现某一随机过程的时间序列建立合适的数学模型来描述该随机过程. 时间序列分析就是指为建立这样一个合适的数学模型所作的广泛讨论. 与此同时, 除时间序列分析之外, 在时间序列分析所建立模型的基础上, 依据时间序列的历史值和现在值对将来值进行预测, 也是时间序列研究中的一个重要方面, 这种依时间序列进行预测的过程称为时间序列的预测.

1.2.3　时间序列预测模型的分类

预测在很多领域都发挥着极其重要的作用, 时间序列预测在预测领域中起着举足轻重的作用. 但是, 时间序列中的数据属性具有多样性, 例如: 有的时间序列波动性较大, 有的时间序列却又呈线性趋势; 有的时间序列具有季节性, 有的时间序列却又不具有季节性; 有的时间序列呈高斯分布, 有的时间序列却并非呈高斯分布. 因此, 针对不同数据属性, 近年来学者提出了多种时间序列预测模型. 根据这些模型中涉及的预测模型个数及预测模型用途, 大致可将时间序列预测模型分为单一预测模型、混合预测模型和组合预测模型.

1.2.3.1　单一预测模型

单一预测模型具有简单、易操作等优点, 被广泛地用于时间序列预测中. 常见的单一预测模型可大致分为以下 3 类:

(1) 传统的统计预测模型. 传统的统计时间序列预测模型包括回归模型、自回归模型、滑动平均模型、自回归滑动平均 (ARMA) 模型、自回归差分滑动平均 (ARIMA) 模型 (Box & Jenkins, 1970)、含外生变量的 ARMA 模型 (Weron & Misiorek, 2005) 以及广义自回归条件异方差模型 (GARCH) (Garcia et al., 2005) 等.

(2) 模糊预测模型. 模糊时间序列预测方法首先由 Song 和 Chissom (Song & Chissom, 1993a; 1993b) 引进, Chen (Chen, 1996) 在这两位研究者的基础上, 提出了一种不包含复杂矩阵运算的更为简单的模糊时间序列预测方法; Huarng (Huarng, 2001) 发现区间长度对预测效果具有较大的影响, 因此, 提出了两种定义区间长度的方法并在此基础上给出了两种模糊时间序列预测方法; Cheng 等人 (Cheng et al., 2008)

在一阶模糊时间序列模型的基础上采用自适应期望模型对区间长度进行自适应调整;
Egioglu 等人 (Egrioglu et al., 2011) 进一步优化了区间长度. 以上这些方法均基于一
阶模糊时间序列预测方法. 但是, 一阶模糊时间序列预测方法由于其结构简单, 有时
并不能充分地解释较为复杂的关系. 因此, Chen (Chen, 2002) 提出了基于高阶模糊
时间序列预测方法的预测模型; Aladag 等人 (Aladag et al., 2009a) 将前馈型神经网
络用于定义模糊关系, 并提出了一种新的高阶模糊时间序列预测模型; Aladag 等人
(Aladag et al., 2010) 则将自适应期望方法和前馈型神经网络同时用于高阶模糊时间
序列预测模型.

(3) 神经网络预测模型. 传统的统计预测模型大多是线性预测模型, 如 ARIMA
模型假定当前数据是历史数据与历史误差的线性函数, 并假定误差为白噪声. 与此不
同, 人工神经网络 (ANN) 预测模型能够针对呈非线性趋势的时间序列给出较高的拟
合精度. 常见的神经网络模型有递归神经网络预测模型 (Park, 2008)、前馈型神经网络
模型 (Egrioglu et al., 2008)、反向传播神经网络模型 (王媛媛, 2011) 等. 此外, Vapnik
(Vapnik, 1995) 于 1995 年还提出了一种新的神经网络算法—支持向量机 (SVM). 传
统的神经网络模型通常实行经验风险最小化原则, 与此不同, SVM 实行结构风险最小
化原则, 以搜寻最小的归一化误差上界而非训练误差为目的. 基于 SVM 的时间序列
预测模型可参考文献 (Chen & Lee, 2015; Mukherjee et al., 1997; Muller et al., 1997).

1.2.3.2　混合预测模型

尽管单一预测模型简单、易操作, 但是有时并不能取得较高的预测精度. 因此, 混
合预测模型近年来被逐渐推广. 混合预测模型通常是在不同阶段使用不同的预测模
型, 不同预测模型所发挥的效用并不相同. 根据组成混合模型的单一模型种类的不同,
可将混合预测模型分为以下 4 类:

(1) 基于多种统计预测的混合预测模型. 如 ARMA-GARCH 模型 (Liu & Shi,
2013).

(2) 基于统计预测与模糊预测的混合预测模型. 如 Egrioglu 等人 (Egrioglu et al.,
2009) 提出的基于季节 ARIMA 模型 (SARIMA) 与高阶模糊时间序列混合预测模型.

(3) 基于统计预测与神经网络的混合预测模型. 如基于 Box-Jenkins ARIMA 模

型与径向基神经网络的混合预测模型 (Wedding & Cios, 1996)、SARIMA-ANN 模型 (Tseng et al., 2002)、ARIMA-SVM 模型 (Pai & Lin, 2005)、 SARIMA-SVM 模型 (Chen & Wang, 2007)、基于 AR 模型与最小二乘支持向量机的混合预测模型 (张万宏, 2007)，ARMA-ANN 模型 (Lee & Jhee, 1994; Rojas et al., 2008)、基于 ARIMA 模型与 Elman 神经网络的混合预测模型 (Aladag et al., 2009b)、基于 ARIMA 模型与概率神经网络的混合预测模型 (Khashei & Bijari, 2010; 2012)、基于 SARIMA 与支持向量回归算法的混合预测模型 (Wang et al., 2012) 及 ARIMA-ANN 混合预测模型 (Babu & Reddy, 2014; Khashei & Bijari, 2011; Zhang, 2003) 等.

(4) 基于模糊预测方法与神经网络的混合预测模型. 如 Castillo 和 Melin 将神经网络与模糊逻辑结合提出的混合预测模型 (Castillo & Melin, 2002)、Khashei 将神经网络与模糊预测方法结合得到的混合预测模型 (Khashei et al., 2008)、Gaxiola 等人将 type-2 模糊方法与反向传播神经网络结合得到的混合预测模型 (Gaxiola et al., 2014) 等.

1.2.3.3　组合预测模型

不同于混合预测模型, 组合预测模型是将单一预测模型进行加权组合得到的一种新模型. 基于组合方法得到的预测精度将比单一方法得到的预测精度更高这一思想, Bates 和 Granger (Bates & Granger, 1969) 于 20 世纪 60 年代提出组合预测策略. 自此之后, 该策略被广泛地用于预测领域. 组合预测研究通常选取几种单一预测模型进行加权组合, 在确定不同单一预测模型的组合权重方面通常有以下 4 种方法: ① Jose 和 Winkler (Jose & Winkler, 2008) 将简单平均法、截尾均值法、Winsorized 均值法、中位数法这 4 种统计平均方法用于组合预测模型. 但这 4 种组合方法不能考虑每种单一模型的相对效果; ② 学者又根据每种单一模型对已有数据的预测效果对其组合权重提出了新的组合预测模型: Dickinson (Dickinson, 1975) 使用最小方差方法确定组合权重、Bunn (Bunn, 1975) 使用贝叶斯方法对权重进行估计、Granger 和 Ramanathan (Granger & Ramanathan, 1984) 及 Aksu 和 Gunter (Aksu & Gunter, 1992) 采用最小二乘法对各单一模型分配权重并进行组合; ③ 通过最小化均方误差估计组合权重也是常用的组合权重确定方法之一, 但通过该方法确定的权重对检验样本具有较大的依赖性, 若检验样本跟测试样本差异较大, 该方法并不能取得良好的效果; ④ 针对最小化均方误差估计组合权重方法所存在的问题, Pollock (Pollock, 2003)、Freitas 和 Rodrigues (Freitas & Rodrigues, 2006) 采用递归最小二乘法对组合权重进行了自适应更新, Adhikari (Adhikari, 2015) 则利用神经网络结构确定组合权重.

1.2.4 时间序列预测误差评判准则

为了检验预测模型的有效性, 通常采用以下误差评判准则对预测模型的精度进行评估, 它们分别是平均绝对误差 (Mean Absolute Error, MAE)、均方误差 (Mean Square Error, MSE)、均方根误差 (Root Mean Square Error, RMSE) 以及平均绝对百分比误差 (Mean Absolute Percentage Error, MAPE), 分别定义如下:

$$\text{MAE} = \frac{1}{T}\sum_{t=1}^{T}|y_t - \hat{y}_t|,$$

$$\text{MSE} = \frac{1}{T}\sum_{t=1}^{T}(y_t - \hat{y}_t)^2,$$

$$\text{RMSE} = \sqrt{\frac{1}{T}\sum_{t=1}^{T}(y_t - \hat{y}_t)^2},$$

$$\text{MAPE} = \frac{1}{T}\sum_{t=1}^{T}\left|\frac{y_t - \hat{y}_t}{y_t}\right| \times 100\%,$$

其中, y_t 和 $\hat{y}_t$ 分别为 t 时刻的真实值与预测值, T 为总的预测数据个数, 且 MAE, MSE, RMSE 与 MAPE 的值越小, 预测模型的精度越高.

1.3 特殊时间序列—频率的拟合预测概述

1.3.1 频率

现考虑一种特殊的时间序列. 该特殊时间序列按如下方法形成: 首先, 将原始数据序列的最小值及最大值分别记为 MI 和 MA; 其次, 构造长度为 1 的等长度区间 $[\text{Floor}(MI), \text{Floor}(MI)+1), [\text{Floor}(MI)+1, \text{Floor}(MI)+2), \cdots, [\text{Ceil}(MA)-1, \text{Ceil}(MA))$, 其中, $\text{Ceil}(MA)$ 表示大于 MA 的最小整数, $\text{Floor}(MI)$ 表示不大于 MI 的最大整数; 最后, 统计原始的数据数列落在每个区间的频率, 并将从左到右每个区间对应的频率按序排列, 根据时间序列的定义, 将自变量 t 依次取为每个区间的左端点 (取为区间中点或右端点亦可), 该物理量在区间从左到右排列的情形下取值单调递增. 因此, 在自变量 t 取值从小到大排列的情形下, 所对应的频率形成的有序数据序列便是一时间序列.

1.3.2　拟合预测

没有观测就没有拟合, 没有拟合也就无法预测. 拟合预测是指建立一个模型去逼近实际数据序列走势的过程. 将拟合预测单独作为一类体系研究, 其意义在于强调其唯 "象" 性. 一个预测模型的建立, 要尽可能符合实际数据的发展态势, 这是拟合的原则. 拟合的程度可通过不同的误差评判准则来衡量.

曲线拟合是指用连续曲线近似地刻画平面上离散点组所表示的坐标之间的函数关系. 更广泛地说, 空间或高维空间中的相应问题亦属此范畴. 在数值分析中, 曲线拟合就是用解析表达式逼近离散数据, 即离散数据的公式化. 实践中, 离散点组或数据往往是各种物理问题和统计问题有关量的多次观测值或实验值, 它们是离散的, 不仅不便于处理, 而且通常不能确切和充分地体现出其固有的规律. 这种缺陷正可由拟合预测得到的适当的解析表达式来弥补.

对于给定的数据, 需提前选定用于拟合的函数的类别和具体形式, 这是拟合预测的基础. 若已知数据的实际发展趋势, 即因变量与自变量之间的相关关系已有表达式形式确定的经验公式, 则直接取相应的经验公式为拟合预测模型. 否则, 可通过选取不同的函数种类和形式, 分别对数据进行拟合并选择拟合精度最高者. 选取的不同函数对模型的精度或数据的 "损失" 起着测试的作用, 故常被称为测试函数或损失函数. 另一种方法是: 选取类别和形式足够多的测试函数, 借助于数理统计方法中的相关性分析和显著性检验, 对这些测试函数依次进行分析以选取最合适的模型.

1.3.3　针对频率的拟合预测概率分布

对于频率这种特殊时间序列, 可选取概率密度函数对其进行拟合预测. 常用的概率分布拟合函数包括 Weibull 分布 [双参 Weibull 分布 (Kiss & Jánosi, 2008) 以及双侧 Weibull 分布 (Chen & Gerlach, 2013)]、Rayleigh 分布、Gamma 分布、Lognormal

分布、三参 Weibull 分布 (Guo et al., 2009)、Inverse Gaussian 分布 (Zhou et al., 2010)、Type V 和 Burr 分布 (Brano et al., 2011)、Binormal 分布 (Kiss & Jánosi, 2008) 以及由不同分布组合而成的 Bimodal Weibull-Weibull 分布 (Jaramillo & Borja, 2004)、Mixture Weibull 分布 (Akpinar & Akpinar, 2009) 等.

1.3.4　针对频率的拟合预测误差评判准则

常见的衡量概率密度函数拟合预测精度的准则有 Kolmogorov-Smirnov 检验误差 (KSE) (Liu & Chang, 2011)、平均相对误差 (MRE) (Carta et al., 2008)、均方误差 (RMSE) (Chang, 2011)、R 方误差 (R^2) (Hossain et al., 2014) 以及卡方误差 (CSE) (Liu et al., 2011), 分别定义如下:

$$KSE = \max |T(x) - O(x)|,$$
$$MRE = \frac{1}{n}\sum_{i=1}^{n}\frac{|x_i^o - x_i^c|}{x_i^o},$$
$$RMSE = \left[\frac{1}{n}\sum_{i=1}^{n}(x_i^o - x_i^c)^2\right]^{1/2},$$
$$R^2 = 1 - \frac{\sum_{i=1}^{n}(x_i^o - x_i^c)^2}{\sum_{i=1}^{n}(x_i^o - \bar{x}^o)^2},$$
$$CSE = \sum_{i=1}^{n}\frac{(x_i^o - x_i^c)^2}{x_i^c},$$

其中 $T(x)$ 和 $O(x)$ 分别为拟合预测分布函数值和由实际数据得到的分布函数值, $\{x_i^o\}_{i=1}^n$ 和 $\{x_i^c\}_{i=1}^n$ 分别为由实际数据得到的概率密度函数值和拟合预测概率密度函数值, n 为参与误差计算的区间个数, 且 $\bar{x}^o = \sum_{i=1}^{n}x_i^o/n$.

1.4　预测模型优化的必要性

预测有其优点, 诸如具有科学性及近似性. 但是也有其缺点, 那就是具有局限性. 进行预测时, 没有一种预测方法会对所有的数据都有效. 对一组数据最好的预测方法, 对另一组数据效果却可能是最差的甚至可能完全不适用. Moghram 和 Rahman (Elvira, 2002) 的研究结果是对这一理论的强有力支撑. 这两位学者曾对某电网的小时负荷采用以下 5 种预测模型进行预测: ① 多元线性回归; ② 时间序列模型; ③ 指数平滑模型; ④ 相空间以及卡尔曼滤波模型; ⑤ 基于知识的模型. 结果表明, 对于夏季数据预测最优的模型对于冬季数据的预测效果却很差. 因此, 尽管目前已有很多的时间序列预测模型, 但是, 没有一种模型是通用且适合于所有时间序列的. 若能在原有预测模型的基础上, 对其进行优化改进, 最终在某些数据集上达到提高预测精度的目的, 其意义深远, 并可能对实际的生产及生活带来较大帮助.

参考文献

[1] 王媛媛. 基于 BP 神经网络的混沌时间序列预测方法研究 [D]. 石家庄: 河北经贸大学, 2011.

[2] 张万宏. 非平稳时间序列的预测方法研究 [D]. 兰州: 兰州理工大学, 2007.

[3] Adhikari R. A neural network based linear ensemble framework for time series forecasting [J]. Neurocomputing, 2015, 157: 231-242.

[4] Akpinar S, Akpinar E K. Estimation of wind energy potential using finite mixture distribution models [J]. Energy Conversion & Management, 2009, 50 (4): 877-884.

[5] Aksu C, Gunter S I. An empirical analysis of the accuracy of SA, ERLS and NRLS combination forecasts [J]. International Journal of Forecasting, 1992, 8 (1): 27-43.

[6] Aladag C H, Basaran M A, Egrioglu E, et al. Forecasting in high order fuzzy time series by using neural networks to define fuzzy relations [J]. Expert Systems with Applications, 2009a, 36: 4228-4231.

[7] Aladag C H, Egrioglu E, Kadilar C. Forecasting nonlinear time series with a hybrid methodology [J]. Applied Mathematics Letters, 2009b, 22 (9): 1467-1470.

[8] Aladag C H, Yolcu U, Egrioglu E. A high order fuzzy time series forecasting model based on adaptive expectation and artificial neural networks [J]. Mathematics & Computers in Simulation, 2010, 81 (4): 875-882.

[9] Babu C N, Reddy B E. A moving-average filter based hybrid ARIMA-ANN model for forecasting time series data [J]. Applied Soft Computing, 2014, 23: 27-38.

[10] Bates J M, Granger C W J. The combination of forecasts [J]. Journal of the Operational Research Society, 1969, 20 (4): 451-468.

[11] Box G E P, Jenkins G M. Time series analysis: forecasting and control [J]. Journal of Time Series Analysis, 1970, 3 (3228).

[12] Brano V L, Orioli A, Ciulla G, et al. Quality of wind speed fitting distributions for the urban area of Palermo, Italy [J]. Renewable Energy, 2011, 36 (3): 1026-1039.

[13] Bunn D W. A Bayesian approach to the linear combination of forecasts [J]. Journal of the Operational Research Society, 1975, 26: 325-329.

[14] Carta J A, Ramírez P, Velázquez S. Influence of the level of fit of a density probability function to wind-speed data on the WECS mean power output estimation [J]. Energy Conversion & Management, 2008, 49 (10): 2647-2655.

[15] Castillo O, Melin P. Hybrid intelligent systems for time series prediction using neural networks, fuzzy logic, and fractal theory [J]. IEEE Transactions on Neural Networks, 2002, 13 (6): 1395-1408.

[16] Chang T P. Performance comparison of six numerical methods in estimating Weibull parameters for wind energy application [J]. Applied Energy, 2011, 88 (1): 272-282.

[17] Chen K Y, Wang C H. A hybrid SARIMA and support vector machines in forecasting the production values of the machinery industry in Taiwan [J]. Expert Systems with Applications, 2007, 32: 254-264.

[18] Chen Q, Gerlach R H. The two-sided Weibull distribution and forecasting financial tail risk [J]. International Journal of Forecasting, 2013, 29 (4): 527-540.

[19] Chen S M. Forecasting enrollments based on fuzzy time-series [J]. Fuzzy Sets & Systems, 1996, 81 (3): 311-319.

[20] Chen S M. Forecasting enrollments based on high order fuzzy time series [J]. Cybernetics & Systems, 2002, 33: 1-16.

[21] Chen T T, Lee S J. A weighted LS-SVM based learning system for time series

forecasting [J]. Information Sciences, 2015, 299: 99-116.

[22] Cheng C H, Chen T L, Teoh H J, et al. Fuzzy time-series based on adaptive expectation model for TAIEX forecasting [J]. Expert Systems with Application, 2008, 34: 1126-1132.

[23] Dickinson J P. Some comments on the combination of forecasts [J]. Journal of the Operational Research Society, 1975, 26: 205-210.

[24] Egrioglu E, Aladag C H, Basaran M A, et al. A new approach based on the optimization of the length of intervals in fuzzy time series [J]. Journal of Intelligent and Fuzzy Systems, 2011, 22 (1): 15-19.

[25] Egrioglu E, Aladag C H, Günay S. A new model selection strategy in artificial neural networks [J]. Applied Mathematics & Computation, 2008, 195 (2): 591-597.

[26] Egrioglu E, Aladag C H, Yolcu U, et al. A new hybrid approach based on SARIMA and partial high order bivariate fuzzy time series forecasting model [J]. Expert Systems with Applications, 2009, 36 (4): 7424-7434.

[27] Elvira L N. Annual electrical peak load forecasting methods with measures of prediction error [J]. Diss. Abstr. Int. 62 Section: B, 2002.

[28] Freitas P S, Rodrigues A J. Model combination in neural-based forecasting [J]. European Journal of Operational Research, 2006, 173 (3): 801-814.

[29] Garcia R C, Contreras J, Akkeren M, et al. A GARCH forecasting model to predict day-ahead electricity prices [J]. IEEE Transations on Power Systems, 2005, 20 (2): 867-874.

[30] Gaxiola F, Melin P, Valdez F, et al. Interval type-2 fuzzy weight adjustment for backpropagation neural networks with application in time series prediction [J]. Information Sciences, 2014, 260: 1-14.

[31] Granger C W J, Ramanathan R. Improved methods of combining forecasts [J]. Journal of Forecasting, 1984, 3 (2): 197-204.

[32] Guo H T, Watson S J, Tavner P J, et al. Reliability analysis for wind turbines with incomplete failure data collected from after the date of initial installation [J]. Reliability Engineering & System Safety, 2009, 94 (6): 1057-1063.

[33] Hossain J, Sharma S, Kishore V V N. Multi-peak Gaussian fit applicability to wind speed distribution [J]. Renewable & Sustainable Energy Reviews, 2014, 34: 483-490.

[34] Huarng K. Effective length of intervals to improve forecasting in fuzzy time-series [J]. Fuzzy Sets & Systems, 2001, 123 (3): 387-394.

[35] Jaramillo O A, Borja M A. Wind speed analysis in La Ventosa, Mexico: a bimodal probability distribution case [J]. Renewable Energy, 2004, 29 (10): 1613-1630.

[36] Jose V R R, Winkler R L. Simple robust averages of forecasts: some empirical results [J]. International Journal of Forecasting, 2008, 24: 163-169.

[37] Khashei M, Bijari M. An artificial network (p, d, q) model for time series forecasting [J]. Expert Systems with Applications, 2010, 37 (1): 479-489.

[38] Khashei M, Bijari M. A novel hybridization of artificial neural networks and ARIMA models for time series forecasting [J]. Applied Soft Computing, 2011, 11: 2664-2675.

[39] Khashei M, Bijari M. A new class of hybrid models for time series forecasting [J]. Expert Systems with Applications, 2012, 39 (4): 4344-4357.

[40] Khashei M, Hejazi S R, Bijari M. A new hybrid artificial neural networks and fuzzy regression model for time series forecasting [J]. Fuzzy Sets & Systems, 2008, 159 (7): 769-786.

[41] Kiss P, Jánosi I M. Comprehensive empirical analysis of ERA-40 surface wind speed distribution over Europe [J]. Energy Conversion & Management, 2008, 49 (8): 2142-2151.

[42] Lee J K, Jhee W C. A two-stage neural network approach for ARMA model identification with ESACF [J]. Decision Support Systems, 1994, 11 (5): 461-479.

[43] Liu F J, Chang T P. Validity analysis of maximum entropy distribution based on different moment constraints for wind energy assessment [J]. Energy, 2011, 36 (3): 1820-1826.

[44] Liu F J, Chen P H, Kuo S S, et al. Wind characterization analysis incorporating genetic algorithm: A case study in Taiwan Strait [J]. Energy, 2011, 36 (5): 2611-2619.

[45] Liu H P, Shi J. Applying ARMA-GARCH approaches to forecasting short-term electricity prices [J]. Energy Economics, 2013, 37: 152-166.

[46] Mukherjee S, Osuna E, Girosi F. Nonlinear prediction of chaotic time series using support vector machines [C]. Proceedings of IEEE Neural Networks for Signal Processing, IEEE, 1997.

[47] Müller K R, Smola A, Scholkopf B. Prediction time series with support vector machines [C]. Proceedings of International Conference on Artificial Neural Networks, 1997.

[48] Pai P, Lin C. A hybrid ARIMA and support vector machines model in stock price forecasting [J]. Omega, 2005, 33 (6): 497-505.

[49] Park D C. Prediction of MPEG video traffic over ATM networks using dynamic bilinear recurrent neural network [J]. Applied Mathematics & Computation, 2008, 205 (2): 648-657.

[50] Pollock D S G. Recursive estimation in econometrics [J]. Computational Statistics & Data Analysis, 2003, 44 (1-2): 37-75.

[51] Rojas I, Valenzuela O, Rojas F, et al. Soft-computing techniques and ARMA model for time series prediction [J]. Neurocomputing, 2008, 71 (4-6): 519-537.

[52] Song Q, Chissom B S. Forecasting enrollments with fuzzy time series—Part I [J]. Fuzzy Sets & Systems, 1993a, 54: 1-10.

[53] Song Q, Chissom B S. Fuzzy time series and its models [J]. Fuzzy Sets & Systems, 1993b, 54 (3): 269-277.

[54] Tseng F M, Yu H C, Tzeng G H. Combining neural network model with seasonal time series ARIMA model [J]. Technological Forecasting & Social Change, 2002, 69: 71-87.

[55] Vapnik V N. The nature of statistical learning theory [M]. New York: Springer, 1995.

[56] Wang B H, Huang H J, Wang X L. A novel text mining approach to financial time series forecasting [J]. Neurocomputing, 2012, 83: 136-145.

[57] Wedding D K, Cios K J. Time series forecasting by combining networks, certainty factors, RBF and the Box-Jenkins model [J]. Neurocomputing, 1996, 10 (2): 149-168.

[58] Weron R, Misiorek A. Forecasting spot electricity prices with time series models [C]. Proceedings of International Conference on the European Electricity Market EEM-05, 2005, 133-141.

[59] Zhang G. Time series forecasting using a hybrid ARIMA and neural network model [J]. Neurocomputing, 2003, 50: 159-175.

[60] Zhou J Y, Erdem E, Li G, et al. Comprehensive evaluation of wind speed distribution models: A case study for North Dakota sites [J]. Energy Conversion & Management, 2010, 51 (7): 1449-1458.

第 2 章　人工智能参数优化算法

参数估计一般可分为点估计和区间估计两类. 点估计是依据样本特征估计总体分布中包含的未知参数或未知参数的函数. 构造点估计常用的传统方法有矩估计法、极大似然估计法、最小二乘估计法、贝叶斯估计法、相关系数优化法、概率权重矩法和灰色估计法等. 区间估计法是依据采样得到的样本, 根据一定的精度要求, 构造出合适的区间, 作为总体分布的未知参数或参数的函数的真值所在范围的估计. 常用的构造区间的方法包括: ① 利用已知的抽样分布构造区间; ② 利用区间估计与假设检验的联系构造区间; ③ 利用大样本理论构造区间. 但是, 这些参数确定方法均有一定的局限性和缺陷, 例如: 矩估计法虽然简单, 只需知道总体的矩, 不必知道总体的分布形式, 但其只能用于母体矩存在的分布, 并且只集中了母体的部分信息, 只有当样本容量较大且采样较充分时, 才具有良好的性能; 极大似然估计法则必须知道总体的分布形式, 并且在一般情况下, 给出参数估计的解析表达式是少见的 (戴家佳 等, 2009), 似然方程组的求解较复杂, 往往需要在计算机上通过迭代运算才能计算出其近似解; 最小二乘估计法 (张公宝, 2011) 可以用于线性系统, 也可以用于非线性系统, 还可用于离线估计和在线估计. 在随机情况下, 利用最小二乘估计法时, 并不要求观测数据提供其概率统计方法的信息, 但它具有两方面的缺陷: 一是当模型噪声是有色噪声时, 最小二乘估计不是无偏、一致估计; 二是随着数据的增长, 将出现所谓的 "数据饱和" 现象. 贝叶斯估计法将需要估计的参数视为随机变量, 需要事先确定待估参数的先验分布, 方可进行参数估计, 且需要知道随机误差项的具体分布形式, 在样本量较少的情形下, 先验分布对估计的影响较大.

为了弥补以上常规参数估计方法的缺陷, 作为预备知识, 本章将介绍几种在后面几章中估计未知参数时将使用到的具有良好性能的人工智能参数随机优化算法, 主要包括粒子群优化算法、微分进化算法与布谷鸟搜寻算法.

2.1　粒子群优化算法

粒子群优化 (Particle Swarm Optimization, PSO) (Kennedy & Eberhart, 1995)

算法是一种基于群体的全局随机搜寻算法, 具有易理解、易实现、全局搜索能力强等特点, 且不需要梯度信息 (范娜 与 云庆夏, 2006).

2.1.1 基本的 PSO 算法

在粒子群优化算法中, 每个问题的解都可视为搜索空间中的一只鸟, 被称为"粒子". 粒子群优化算法的思想是: 空间中的每个粒子都有自身的位置和速度, 粒子与最优目标位置之间的距离用损失函数 (或适应度函数) 来表示. 每个粒子都通过更新自身的位置和速度来搜索使损失函数达到最小值的最优解 (李国辉 与 李恒峰, 2000). 在介绍基本的 PSO (简记为 BPSO) 算法之前, 先来看几个相关变量的定义.

定义 2.1 按照如下方式定义以下几个变量:

(1) D 维空间中总的粒子数为 NP;

(2) D 维空间中第 i 个粒子的位置为 $Z_i = (z_{i1}, z_{i2}, \cdots, z_{iD})$;

(3) D 维空间中第 i 个粒子的速度为 $V_i = (v_{i1}, v_{i2}, \cdots, v_{iD})$;

(4) 第 i 个粒子在 D 维空间中经历过的个体最小损失函数为 L_{ibest}, 对应于该最小损失函数的个体最优位置为 $P_{ibest} = (P_{ibest,1}, P_{ibest,2}, \cdots, P_{ibest,D})$;

(5) 群体中所有粒子在 D 维空间中经历过的群体最小损失函数为 L_{gbest}, 对应于该最小损失函数的群体最优位置为 $P_{gbest} = (P_{gbest,1}, P_{gbest,2}, \cdots, P_{gbest,D})$.

有了上述的变量定义之后, 来看粒子是如何更新自己在空间中的位置和速度的.

定义 2.2 D 维空间中第 i 个粒子在 $t+1$ 时刻更新自身速度和位置的公式分别为:

$$V_i(t+1) = \omega \cdot V_i(t) + c_1 \cdot rand1 \cdot [P_{ibest}(t) - Z_i(t)] + c_2 \cdot rand2 \cdot [P_{gbest}(t) - Z_i(t)],$$

和

$$Z_i(t+1) = Z_i(t) + V_i(t+1),$$

其中, ω 为惯性权重, 从区间 $(0,1)$ 取值, 用以控制粒子在 t 时刻的速度对 $t+1$ 时刻速度的影响大小; $rand1$ 和 $rand2$ 均为从区间 $(0,1)$ 取值的随机数; c_1 和 c_2 为加速因子.

2.1.2　自适应参数 PSO 算法

自适应参数 PSO (简记为 WPSO) 算法 (延丽平 与 曾建潮, 2006) 是在 BPSO 的基础上, 对惯性权重 ω 按照如下方法进行自适应调整:

(1) 若 L_{gbest} 不变, 则令 ω 为从区间 $(0.5, 1)$ 取值的随机数, 以此来加大搜寻力度;

(2) 若 L_{gbest} 改变, 则 ω 的定义与 BPSO 算法中的定义相同, 即为从区间 $(0, 1)$ 取值的随机数.

2.1.3　量子行为的 PSO 算法

量子行为的 PSO (简记为 QPSO) 算法 (方伟 等, 2008) 与 BPSO 和 WPSO 算法相比, 仅对粒子的位置进行更新. 在给出 QPSO 算法的具体操作之前, 先来看一个变量的定义.

定义 2.3　定义 $mbest = (mbest_1, mbest_2, \cdots, mbest_D)$ 为当前所有粒子的最优位置中心, 即

$$mbest = \frac{1}{NP} \sum_{i=1}^{NP} P_{ibest}.$$

在此定义的基础上, 给出 QPSO 算法中粒子位置的更新表达式.

定义 2.4　QPSO 算法中粒子位置的更新表达式为:

$$z_{id} = q_{id} \pm \alpha \cdot |mbest_d - z_{id}| \cdot \ln(1/u),$$

其中,

$$\begin{cases} q_{id} = \phi \cdot P_{ibest,d} + (1 - \phi) \cdot P_{gbest,d} \\ \alpha = (\alpha_{\max} - \alpha_{\min}) \cdot (iteration - iter)/iteration + \alpha_{\min} \end{cases},$$

且 ϕ 和 u 均为从区间 $(0,1)$ 取值的随机数, $iter$ 为当前迭代步数, $iteration$ 为总的迭代步数, $\alpha_{\max}$ 和 $\alpha_{\min}$ 为两个大于 0 的常数.

2.2 微分进化算法

微分进化 (Coelho et al., 2014; Ortiz et al., 2013; Wang et al., 2014) 算法具有简单、快速、鲁棒性好等特点, 其主要用于实参数优化问题, 解决问题包括单目标无约束和有约束优化、混合整数非线性规划、多目标优化、含噪声问题、并行优化、动态系统优化等问题 (苏海军 等, 2008). 首先来看相关变量的定义.

定义 2.5 按照如下方式给出以下几个变量的定义:

(1) 总的个体数为 NP, 每个个体均为 D 维向量;

(2) 第 G 代的第 i 个个体为 $Z_i^G = \left(z_{i1}^G, z_{i2}^G, \cdots, z_{iD}^G\right)$;

(3) 第 G 代的第 i 个个体进行突变操作得到的突变个体为 $U_i^G = \left(u_{i1}^G, u_{i2}^G, \cdots, u_{iD}^G\right)$;

(4) 第 G 代的第 i 个个体进行交叉操作得到的试验个体为 $R_i^G = \left(r_{i1}^G, r_{i2}^G, \cdots, r_{iD}^G\right)$;

(5) 第 G 代的最优个体为 $Z_{best}^G = \left(z_{best1}^G, z_{best2}^G, \cdots, z_{bestD}^G\right)$.

微分进化算法的实施主要分为 3 步操作: 突变、交叉和选择. 以下分别来看这 3 步操作的具体模型.

2.2.1 突变操作模型

在突变过程中, 突变可以基于当前个体, 也可以基于当前最优个体, 采用不同的突变方法得到的参数优化结果也不同. 常见的突变策略包括以下 9 种:

定义 2.6 策略 1: 对应于个体 Z_i^G 的突变个体为:

$$U_i^{G+1} = Z_{r1}^G + F \cdot \left(Z_{r2}^G - Z_{r3}^G\right),$$

其中, $r1, r2, r3$ 为从集合 $\{1, 2, \cdots, NP\}$ 随机选取的整数, 且 $r1 \neq r2 \neq r3 \neq i$, F 为在区间 $[0, 1]$ 取值的突变因子.

定义 2.7 策略 2: 对应于个体 Z_i^G 的突变个体为:

$$U_i^{G+1} = Z_i^G + F_1 \cdot \left(Z_{best}^G - Z_i^G\right) + F_2 \cdot \left(Z_{r2}^G - Z_{r3}^G\right),$$

其中, $r2, r3$ 为从集合 $\{1, 2, \cdots, NP\}$ 随机选取的整数, F_1, F_2 为在区间 $[0, 1]$ 取值的突变因子.

定义 2.8 策略 3: 对应于个体 Z_i^G 的突变个体为:

$$U_i^{G+1} = Z_{best}^G + \left(Z_{r1}^G - Z_{r2}^G\right) \cdot \left((1 - 0.9999) \cdot rand + F\right),$$

其中, $r1, r2$ 为从集合 $\{1, 2, \cdots, NP\}$ 随机选取的整数, F 为在区间 $[0,1]$ 取值的突变因子, $rand$ 为在区间 $[0,1]$ 取值的随机数.

定义 2.9 策略 4: 对应于个体 Z_i^G 的突变个体为:

$$U_i^{G+1} = Z_{r1}^G + F_1 \cdot \left(Z_{r2}^G - Z_{r3}^G\right), \ F_1 = (1 - F) \cdot rand + F,$$

其中, $r1, r2, r3$ 为从集合 $\{1, 2, \cdots, NP\}$ 随机选取的整数, F 为在区间 $[0,1]$ 取值的突变因子, $rand$ 为在区间 $[0,1]$ 取值的随机数, 且 F_1 在参数估计过程中均取值相同.

定义 2.10 策略 5: 对应于个体 Z_i^G 的突变个体为:

$$U_i^{G+1} = Z_{r1}^G + F_1 \cdot \left(Z_{r2}^G - Z_{r3}^G\right), \ F_1 = (1 - F) \cdot rand + F,$$

其中, $r1, r2, r3$ 为从集合 $\{1, 2, \cdots, NP\}$ 随机选取的整数, F 为在区间 $[0,1]$ 取值的突变因子, $rand$ 为在区间 $[0,1]$ 取值的随机数.

定义 2.11 策略 6: 对应于个体 Z_i^G 的突变个体为:

$$U_i^{G+1} = Z_i^G + F \cdot \left(Z_{r2}^G - Z_{r3}^G\right),$$

其中, $r2, r3$ 为从集合 $\{1, 2, \cdots, NP\}$ 随机选取的整数, F 为在区间 $[0,1]$ 取值的突变因子.

定义 2.12 策略 7: 对应于个体 Z_i^G 的突变个体为:

$$U_i^{G+1} = Z_{r1}^G + F \cdot \left(Z_{r2}^G - Z_{r3}^G + Z_{r4}^G - Z_{r5}^G\right),$$

其中, $r1, r2, r3, r4, r5$ 为从集合 $\{1, 2, \cdots, NP\}$ 随机选取的整数, F 为在区间 $[0,1]$ 取值的突变因子.

定义 2.13 策略 8: 对应于个体 Z_i^G 的突变个体为:

$$U_i^{G+1} = Z_{best}^G + F \cdot \left(Z_{r2}^G - Z_{r3}^G + Z_{r4}^G - Z_{r5}^G\right),$$

其中, $r1, r2, r3, r4, r5$ 为从集合 $\{1, 2, \cdots, NP\}$ 随机选取的整数, F 为在区间 $[0,1]$ 取值的突变因子.

定义 2.14 策略 9: 对应于个体 Z_i^G 的突变个体为:

$$U_i^{G+1} = \begin{cases} Z_{r1}^G + F \cdot (Z_{r2}^G - Z_{r3}^G), & \text{若 } rand < 0.5 \\ Z_{r1}^G + 0.5 \cdot (F+1) \cdot (Z_{r1}^G + Z_{r2}^G - 2Z_{r3}^G), & \text{若 } rand \geqslant 0.5 \end{cases},$$

其中, $r1, r2, r3$ 为从集合 $\{1, 2, \cdots, NP\}$ 随机选取的整数, F 为在区间 $[0,1]$ 取值的突变因子.

2.2.2 交叉操作模型

类似地, 在交叉阶段, 交叉的方法也可根据实际需要进行变换. 通常, 可选择以下 2 种交叉方式:

定义 2.15 二项交叉: $r_{ij}^{G+1} = \begin{cases} u_{ij}^{G+1}, & \text{若 } rand(j) \leqslant CR \text{ 或 } j = rnb(i) \\ z_{ij}^G, & \text{其他} \end{cases}, j = 1, 2, \cdots, D,$

其中, $rand(j)$ 为第 j 个从区间 $[0,1]$ 取值的随机数, CR 为在区间 $[0,1]$ 取值的交叉常数, $rnb(i)$ 为从集合 $\{1, 2, \cdots, D\}$ 取值的随机变量.

注 2.16 在二项交叉的定义中之所以让 $rnb(i)$ 为从集合 $\{1, 2, \cdots, D\}$ 取值的随机变量, 是用来保证 R_i^{G+1} 至少从 U_i^{G+1} 的分量中选取一个作为其分量. 否则, 将没有新的母体变量产生, 群体也不会发生变化.

定义 2.17 指数交叉: $r_{ij}^{G+1} = \begin{cases} u_{ij}^{G+1}, & \text{若 } j \in \{k, <k+1>_n, \cdots, <k+L-1>_n\} \\ z_{ij}^G, & \text{其他} \end{cases},$

$j = 1, 2, \cdots, D,$ 其中, $k \in \{1, 2, \cdots, n\}$ 是随机指数, L 为在集合 $\{1, 2, \cdots, n\}$ 取值的随机数, 且 $<j>_n = \begin{cases} j, & \text{若 } j \leqslant n \\ j-n, & \text{若 } j > n \end{cases}.$

2.2.3 选择操作模型

选择操作通过以下定义进行:

定义 2.18 选择操作: $Z_i^{G+1} = \begin{cases} R_i^{G+1}, & \text{若 } f(R_i^{G+1}) \leqslant f(Z_i^G) \\ Z_i^G, & \text{其他} \end{cases}.$

2.3 布谷鸟搜寻算法

布谷鸟搜寻 (cuckoo search) 算法是由 Yang 和 Deb (Yang & Deb, 2009) 于 2009 年提出的一种人工智能参数估计方法.

2.3.1　布谷鸟行为及假设

通常, 布谷鸟的繁殖策略具有侵略性, 它们常将自己产的卵放置在其他种类的鸟的窝巢里面. 有些鸟可以发现这些卵不是它们自己的, 会将这些卵毁坏, 或者遗弃自己的巢, 去其他地方重新建巢.

在布谷鸟搜寻算法中, 通常假设以下 3 个理想条件成立:

(1) 每只布谷鸟每次只产一个卵并将它们随机放在一个其他鸟类的巢中;

(2) 使损失函数达到最小值的鸟巢, 即最好的鸟巢, 将被保留到下一代;

(3) 可以使用的鸟巢的数目是需事先确定的, 设为 N, 布谷鸟的卵被鸟窝的主人发现的概率为 p_a.

通常, 布谷鸟的行走路径属于随机游走. 接下来, 来介绍基于 Lévy 飞行的布谷鸟搜寻算法.

2.3.2　Lévy 飞行及 Lévy 分布

与布朗运动的步长服从高斯分布不同, Lévy 飞行是一种步长服从 Lévy 分布 (Yang, 2010) 的随机游走. 给定如下 Fourier 变换:

$$F\left(\omega\right) = \exp\left(-\alpha\left|\omega\right|^{\beta}\right), \tag{2.1}$$

其中, α 称为尺度参数, $0 < \beta \leqslant 2$, 则 Lévy 分布 $L\left(s\right)$ 可根据该 Fourier 变换的逆变换得到:

$$L\left(s\right) = \frac{1}{2\pi}\int_{-\infty}^{+\infty} F\left(\omega\right) e^{\mathrm{i}\omega s}\mathrm{d}\omega, \tag{2.2}$$

其中, i 为虚数单位, 即 $\mathrm{i} = \sqrt{-1}$. 将式 (2.1) 代入式 (2.2) 并经化简可以得到:

$$L\left(s\right) = \frac{1}{\pi}\int_{0}^{+\infty} \cos\left(\omega s\right) e^{-\alpha\omega^{\beta}}\mathrm{d}\omega. \tag{2.3}$$

但是, 除在个别特殊情形下, 式 (2.3) 所示的积分通常无解析解.

2.3.3　与 Lévy 飞行有关的布谷鸟搜寻算法

在布谷鸟搜寻算法中, 第 j 只鸟的位置通过 Lévy 飞行方式根据下式进行更新:

$$x_j^{(t+1)} = x_j^{(t)} + \vartheta \oplus \mathrm{Lévy}\left(\lambda\right),$$

其中, ϑ 为步长控制量, $\oplus$ 表示点积. ϑ 可通过下式计算得到:

$$\vartheta = r \cdot L,$$

其中, L 为长度尺度, r 为步长变化速率. 在大多数问题中 r 常在区间 $[0.001, 0.01]$ 内取值.

另外, 有以下结论:

$$\lim_{s \to +\infty} L(s) = \frac{\alpha \beta \Gamma(\beta) \sin(\pi \beta / 2)}{\pi |s|^{1+\beta}},$$

因此,

$$L(s) \sim |s|^{-1-\beta}, (0 < \beta \leqslant 2).$$

故

$$\text{Lévy} \sim u = t^{-\lambda}, 1 < \lambda \leqslant 3.$$

2.3.4   Lévy 飞行的具体实施

在实际操作中, 通过以下两个步骤来根据 Lévy 飞行得到随机数:

步骤 1: 根据均匀分布确定随机方向;

步骤 2: 通过 Lévy 分布确定步长.

通常, 可通过 Mantegna 算法 (Mantegna, 1994) 来确定步长 s:

$$s = \frac{v}{|\nu|^{1/\beta}},$$

其中 v 和 ν 为两个均服从高斯分布的随机变量: $v \sim N(0, \sigma_v^2), \nu \sim N(0, \sigma_\nu^2)$, 且有

$$\sigma_v = \left\{ \frac{\Gamma(1+\beta) \sin(\pi \beta / 2)}{\Gamma[(1+\beta)/2] \beta 2^{(\beta-1)/2}} \right\}^{1/\beta}, \sigma_\nu = 1.$$

参考文献

[1] 戴家佳, 杨爱军, 杨振海. 极大似然估计算法研究 [J]. 高校应用数学学报, 2009, 24 (3): 275-280.

[2] 范娜, 云庆夏. 粒子群优化算法及其应用 [J]. 信息技术, 2006: 53-56.

[3] 方伟, 孙俊, 须文波. 基于微分进化算子的量子粒子群优化算法及应用 [J]. 系统仿真学报, 2008, 20 (24): 6740-6744.

[4] 李国辉, 李恒峰. 基于内容的音频检索: 概念和方法 [J]. 小型微型计算机系统, 2000, 21 (11): 1173-1177.

[5] 苏海军, 杨煜普, 王宇嘉. 微分进化算法的研究综述 [J]. 系统工程与电子技术, 2008, 30 (9): 1793-1797.

[6] 延丽平, 曾建潮. 具有自适应随机惯性权重的 PSO 算法 [J]. 计算机工程与设计, 2006, 27 (24): 4677-4679.

[7] 张公宝. 基于最小二乘参数估计递推算法的线性系统模型参数估计 [D]. 江苏: 常州工学院, 2011.

[8] Coelho L D S, Boraa T C, Mariani V C. Diffrential evolution based on truncated Lévy-type flights and population diversity measure to solve economic load dispatch problems [J]. Electrical Power & Energy Systems, 2014, 57: 178-188.

[9] Kennedy J, Eberhart R. Particle swarm optimization [C]. Proceedings of the Conference for Neural Networks, 1995, 1942-1948.

[10] Mantegna R N. Fast, accurate algorithm for numerical simulation of Lévy stable stochastic processes [J]. Physical Review E, 1994, 49 (5): 4677-4683.

[11] Ortiz A, Cabrera J A, Nadal F, et al. Dimensional synthesis of mechanisms using Differential Evolution with auto-adaptive control parameters [J]. Mechanism & Machine Theory, 2013, 64: 210-229.

[12] Wang L G, Yang Y P, Dong C Q, et al. Multi-objective optimization of coal-fired power plants using differential evolution [J]. Applied Energy, 2014, 115: 254-264.

[13] Yang X S. Nature-Inspired Metaheuristic Algorithms [M]. Luniver Press, 2010.

[14] Yang X S, Deb S. Cuckoo search via Lévy flights [C]. Proceedings of world congress on nature & biologically inspired computing, IEEE Publications, USA, 2009, 210-214.

第 3 章 　缺失数据预测优化填充

数据缺失是存在于诸多领域中的一个复杂且棘手的问题. 直接删除缺失数据在很多情况下并不可行. 故针对缺失数据的填充模型应运而生, 且被应用于不同领域. 本章介绍一种基于频谱分析和长短时记忆 (Long Short-term Memory, LSTM) 网络的组合数据缺失预测填充方法, 以解决周期数据中的数据缺失问题, 并以风速数据的缺失数据填充问题为例, 介绍该方法的具体使用.

3.1　频谱分析

现实生活中的很多时间序列常呈周期性变化. 仅仅通过序列图判断周期性较为粗糙, 可以借助于频谱分析中的周期图确定时间序列的周期性.

3.1.1　周期图

定义 3.1 对应于时间序列观测值 $\{x(t); t = 1, 2, \cdots, N\}$ 的周期图为

$$I_N(\lambda) = \frac{1}{N} \left| \sum_{j=1}^{N} x(j) e^{-ij\lambda} \right|^2, \ \lambda \in [-\pi, \pi],$$

其中, i 为虚数单位.

定义 3.2 对于时间序列观测值 $\{x(t); t = 1, 2, \cdots, N\}$, 定义

$$\hat{\gamma}_{\pm j} = \frac{1}{N} \sum_{t=1}^{N-j} x(t) x(t+j), \ j = 0, 1, \cdots, N-1,$$

则

$$I_N(\lambda) = \sum_{j=-(N-1)}^{N-1} \hat{\gamma}_j e^{-ij\lambda}, \ \lambda \in [-\pi, \pi].$$

特别地, 对应于傅里叶频率点 $\lambda_k = 2\pi k/N, \ k = 0, 1, \cdots, N-1$ 的周期图可通过下式给出

$$I_N(\lambda_k) = \sum_{j=-(N-1)}^{N-1} \hat{\gamma}_j e^{-ij\lambda_k}.$$

3.1.2　加窗谱估计

周期图可对其进行改造或平滑处理, 常用方法为加窗.

定义 3.3　对周期图

$$I_N(\lambda) = \frac{1}{N} \left| \sum_{j=1}^{N} x(j) e^{-ij\lambda} \right|^2,$$

若采用加窗权系数 $\{\omega_j\}$, 可得到加窗谱估计

$$\hat{f}(\lambda) = \frac{1}{N} \left| \sum_{j=1}^{N} \omega_j x(j) e^{-ij\lambda} \right|^2.$$

可通过不同的窗口对周期图进行加窗处理, 常用窗有 Parzen 窗、Tukey-Hamming 窗以及 Tukey-Hanning 窗等.

3.1.2.1　Parzen 窗

定义 3.4　对应于奇数窗口跨度 s 的 Parzen 窗权系数为

$$\omega_{\pm j} = \frac{1}{p} (2 + \cos \lambda_j) \left(F_{[p/2]}(\lambda_j) \right)^2, \quad j = 0, 1, \cdots, p,$$

其中, $p = [s/2]$, 这里 $[x]$ 表示不大于 x 的最大整数, λ_j 为频率点 λ 的第 j 个离散值, $F_\zeta(\lambda)$ 称为 Fejer 核, 定义为

$$F_\zeta(\lambda) = \frac{1}{\zeta} \left(\frac{\sin(\zeta\lambda/2)}{\sin(\lambda/2)} \right)^2.$$

3.1.2.2　Tukey 窗

定义 3.5　对应于奇数窗口跨度 s 的 Tukey 窗权系数为

$$\omega_{\pm j} = (1 - 2a) D_p(\lambda_j) + a D_p\left(\lambda_j + \frac{\pi}{p}\right) + a D_p\left(\lambda_j - \frac{\pi}{p}\right), \quad j = 0, 1, \cdots, p,$$

其中, a 为区间 $(0, 1/4]$ 中的常数, $p = [s/2]$, λ_j 为频率点 λ 的第 j 个离散值, $D_p(\lambda)$ 代表 Dirichlet 核, 定义为

$$D_p(\lambda) = \frac{\sin[(2p+1)\lambda/2]}{\sin(\lambda/2)}.$$

特别地, 若 $a = 0.23$, 对应的 Tukey 窗称为 Tukey-Hamming 窗; 若 $a = 0.25$, 对应的 Tukey 窗称为 Tukey-Hanning 窗.

3.2　LSTM 网络

长短时记忆 (LSTM) 网络是一种特殊的递归神经网络.

定义 3.6　在 LSTM 网络中, 神经单元通过以下方式进行更新:

$$
\begin{aligned}
Y &= \begin{pmatrix} h_{t-1} \\ y_t \end{pmatrix}, \\
f_t &= \text{activation}\,(W_f \cdot Y + b_f), \\
i_t &= \text{activation}\,(W_i \cdot Y + b_i), \\
o_t &= \text{activation}\,(W_o \cdot Y + b_o), \\
c_t &= i_t \cdot \tanh\,(W_c \cdot Y + b_c) + c_{t-1} \cdot f_t, \\
h_t &= o_t \cdot \tanh(c_t),
\end{aligned}
$$

其中, y_t 是单元的输入, 通过权重矩阵 W_f, W_i, W_o 和偏置 b_f, b_i, b_o 的转换, 分别得到遗忘门、输入门和输出门对应的向量 f_t, i_t, o_t. c_t 表示记忆单元的状态, h_t 表示隐含向量, $\text{activation}(\cdot)$ 表示激活函数, 常使用如下 sigmoid 激活函数:

$$
g(z) = \frac{1}{e^{-z}+1}.
$$

3.3　缺失数据预测填充策略

对于呈周期性的时间序列, 首先可通过频谱分析确定周期, 然后利用图 3.1 所示的 3 种单一预测填充策略进行缺失数据的预测填充.

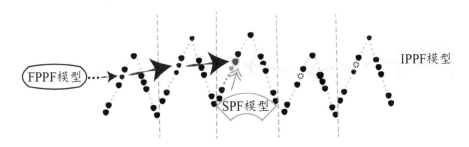

图 3.1　缺失数据的单一预测填充模型

3.3.1 正向周期预测填充

正向周期预测填充 (Forward Periodic Prediction Filling, FPPF) 模型利用位于该缺失数据之前每个周期内相同位置的数据形成的序列对缺失数据进行预测填充. 此时, 每一周期内相同位置的数据保持在原来时间序列中的先后次序不变.

3.3.2 逆向周期预测填充

逆向周期预测填充 (Inverse Periodic Prediction Filling, IPPF) 模型利用位于该缺失数据之后每个周期内相同位置的数据形成的序列对缺失数据进行预测填充. 此时, 需对每一周期内相同位置的数据按照其在原来时间序列中的先后次序进行逆向重排序.

3.3.3 序列预测填充

序列预测填充 (Sequence Prediction Filling, SFP) 模型直接从原时间序列中提取该缺失数据之前的若干连续时刻的数据, 对缺失数据进行预测填充.

除了上述单一预测填充模型, 还可通过组合预测填充模型对相应的缺失数据进行预测填充.

3.3.4 组合预测填充

组合预测填充模型通过对 FPPF、IPPF 和 SPF 模型得到的缺失数据预测填充结果进行组合优化, 得到新的缺失数据填充结果, 即最终的缺失数据预测填充结果计算如下:

$$\hat{f}_c(t) = (\omega_1, \omega_2, \omega_3) \cdot \begin{pmatrix} \hat{f}_{\mathrm{FPPF}}(t) \\ \hat{f}_{\mathrm{IPPF}}(t) \\ \hat{f}_{\mathrm{SPF}}(t) \end{pmatrix}$$

其中, $\hat{f}_c(t)$ 表示 t 时刻的组合预测填充值, $\hat{f}_{\mathrm{FPPF}}(t)$, $\hat{f}_{\mathrm{IPPF}}(t)$, $\hat{f}_{\mathrm{SPF}}(t)$ 分别表示通过 FPPF、IPPF 和 SPF 模型得到的预测填充值. 权重向量 $(\omega_1, \omega_2, \omega_3)$ 可通过最小化相应数据集上的损失函数或最大化收益函数得到.

3.4　应用案例

接下来采用位于"一带一路"沿线的福州站点 1973－2019 年的日风速数据, 对本章介绍的缺失数据预测优化填充模型的有效性进行验证.

3.4.1　频谱分析结果

首先采用频谱分析判断风速数据中是否存在周期性. 由于频谱分析要求数据中不能存在缺失数据, 因此仅使用 1981－1988 年不含缺失数据的风速数据进行判断. 在此过程中, 为保持统一, 对闰年 2 月 29 日的风速数据不予考虑. 此处,对相关风速数据集进行预处理, 使其均值为 0, 并采用跨度为 5 的 Parzen 窗权重平滑周期图的数值. 图 3.2 为周期图, 图 3.3 为频谱密度估计图, 周期图和频谱密度最大值以及相应的傅里叶频率值也一并标注在相应图中.

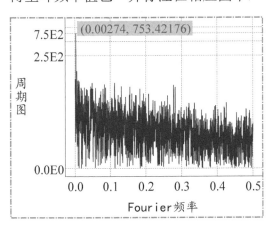 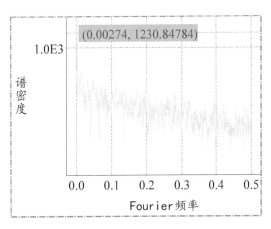

图 3.2　1981－1988 年风速数据的周期图　　图 3.3　1981－1988 年风速数据的频谱密度估计图

从图 3.2 和图 3.3 可以看出, 具有最大周期图和频谱密度估计值的傅里叶频率值均为 0.00274, 所以对应的时间序列的周期为 $1/0.00274 \approx 365$, 这意味着风速数据呈现出以年为周期的周期性.

3.4.2　缺失数据填充预测模型的实现

由于采用的福州站点 1973－2019 年的日风速数据中存在缺失数据, 在构建缺失数据填充模型时, 暂不考虑这些缺失数据, 即如果某日的风速数据缺失, 其他年份同一天的风速数据将暂不被考虑. 最终每年可用于构建缺失数据预测填充模型的数据个数为 316.

构建 SPF 模型时, 采用最近的 12 个连续时刻的历史数据来预测日平均风速, 且将每年的 316 个数据按 70%、20% 和 10% 的比例划分为 3 部分, 分别用于训练、验证和测试模型. 另外两个单一预测填充模型 FPPF 和 IPPF 通过将 47 年相同位置的数据进行划分预测获得同一位置的预测结果. 下面具体地介绍 3 个单一预测填充模型的训练集、验证集和测试集.

3.4.2.1   SPF 模型

(1) 训练阶段 (共 196 对输入和目标数据). 预测目标: 某一固定年份第 13 日到第 208 日内任一日的日平均风速; 模型输入: 同一年内距离预测目标日最近的过去 12 日的日平均风速数据.

(2) 验证阶段 (共 56 对输入和目标数据). 预测目标: 相同固定年份第 221 日至第 276 日内任一日的日平均风速; 模型输入: 同一年内距离预测目标日最近的过去 12 日的日平均风速数据.

(3) 测试阶段 (共 28 对输入和目标数据). 预测目标: 相同固定年份第 289 日至第 316 日内任一日的日平均风速; 模型输入: 同一年内距离预测目标日最近的过去 12 日的日平均风速数据.

3.4.2.2   FPPF 模型

(1) 训练阶段 (共 196 对输入和目标数据). 预测目标: 相同固定年份第 13 日到第 208 日内任一日的日平均风速; 模型输入: 固定年份之前年份中同一位置的风速数据产生的序列.

(2) 验证阶段 (共 56 对输入和目标数据). 预测目标: 相同固定年份第 221 日到第 276 日内任一日的日平均风速; 模型输入: 固定年份之前年份中同一位置的风速数据产生的序列.

(3) 测试阶段 (共 28 对输入和目标数据). 预测目标: 相同固定年份第 289 日至第 316 日内任一日的日平均风速; 模型输入: 固定年份之前年份中同一位置的风速数据产生的序列.

3.4.2.3　IPPF 模型

(1) 训练阶段 (共 196 对输入和目标数据). 预测目标: 相同固定年份第 13 日到第 208 日内任一日的日平均风速; 模型输入: 固定年份之后年份中同一位置的风速数据产生的倒序序列.

(2) 验证阶段 (共 56 对输入和目标数据). 预测目标: 相同固定年份第 221 日到第 276 日内任一日的日平均风速; 模型输入: 固定年份之后年份中同一位置的风速数据产生的倒序序列.

(3) 测试阶段 (共 28 对输入和目标数据). 预测目标: 相同固定年份第 289 日至第 316 日内任一日的日平均风速; 模型输入: 固定年份之后年份中同一位置的风速数据产生的倒序序列.

在这 3 个单一预测填充模型中, 以 MAE 误差值作为损失函数, 使用 RMSProp 来最小化损失函数, ReLU 激活函数被用于最后的密集层. 在模拟中, 批处理的大小被设置为 28. 只使用一个 LSTM 层, 隐含层神经元个数为 32. 最终, FPFM 和 IPFM 模型中参数个数均为 9313, 而 SPF 模型中参数个数为 4385. 组合预测填充模型中的权重向量 $(\omega_1, \omega_2, \omega_3)$ 也依据最小化验证数据集上的 MAE 值原则得到, 且通过布谷鸟搜索算法确定最佳权重.

3.4.3　缺失数据预测填充结果

表 3.1 展示了 1980 年、1998 年和 2003 年本章介绍的组合预测填充模型对应的最佳权重向量.

表 3.1　组合预测最佳权重向量

年份	最佳权重向量
1980	(0, 0.1271, 0.8729)
1998	(0.7300, 0.2461, 0.0239)
2003	(0.0769, 0.9231, 0)

接下来, 对相关模型的预测填充性能进行评估. 评价缺失数据填充模型性能的准则是多样的, 如 Henn 等人 (Henn et al., 2013) 采用均方根误差 RMSE 来评价温度

缺失数据填充模型的性能, Noor 等人 (Noor et al., 2013) 和 Deng 等人 (Deng et al., 2019) 将 RMSE 和平均绝对误差 MAE 作为评价指标来评估电力缺失数据填充模型的精度. Dunis 和 Karalis (Dunis & Karalis, 2003) 以及 Lin 等人 (Lin et al., 2020) 分别采用了 RMSE、MAE 和 MAPE 来评估温度缺失数据填充模型和可穿戴感应缺失数据填充模型的性能. 因此, 本章亦采用 RMSE、MAE 和 MAPE 这 3 种标准来衡量预测填充模型的填充准确度. 表 3.2 提供了原始 SPF 模型和组合预测填充模型在 3 年中的填充精度对比结果.

表 3.2　不同模型的填充精度对比结果

年份	模型	MAE	MAPE (%)	MSE
1980	SPF 模型	1.4090	30.1523	3.6678
	组合预测填充模型	1.4046	29.8970	3.6543
1998	SPF 模型	1.2297	25.5299	2.2138
	组合预测填充模型	1.0802	21.9952	1.9216
2003	SPF 模型	1.2630	26.3694	2.2826
	组合预测填充模型	1.2270	25.3574	2.1934

从表 3.2 可以看出, 在 3 种误差标准下, 所提出的组合预测填充模型比单一的 SPF 模型效果更优. 此外, 表 3.3 列出了其他 3 种传统缺失数据填充基础方法 (序列的平均值填充法、相邻点的中位数填充法和相邻点的线性趋势填充法, 将其分别简记为 SMEAN 填充、中位数填充和线性趋势填充) 的填充精度.

表 3.3　3 种传统缺失数据填充方法的填充精度

年份	填充方法	MAE	MAPE (%)	MSE
1980	SMEAN 填充	1.4093	31.3909	3.6047
	中位数填充	1.7750	41.7382	4.5525
	线性趋势填充	1.4779	28.1442	3.9131
1998	SMEAN 填充	1.1036	23.3157	1.8732
	中位数填充	1.6857	27.9988	4.1154
	线性趋势填充	1.1121	23.9870	1.9256
2003	SMEAN 填充	1.3443	30.0844	2.4828
	中位数填充	1.2821	27.2508	2.2968
	线性趋势填充	1.4811	34.5412	3.0117

从表 3.3 可以看出, 在所有 27 个填充误差值中, 有 24 个值大于本章介绍的缺失

数据组合预测优化填充方法得到的相应误差. 此误差评估结果表明, 本章介绍的缺失数据组合预测填充方法的填充性能优于基准预测填充方法和 3 种传统的填充方法.

3.5　阅读材料

缺失数据填充方法已被应用于诸多领域. 回归法和内插法是两种较经典的缺失数据填充方法. Dunis 和 Karalis (Dunis & Karalis, 2003) 将神经网络回归用于温度缺失数据的填充. Feng 等人 (Feng et al., 2005) 基于支持向量机回归算法填充了 SARS 数据集中的缺失数据. Kotsiantis 等人 (Kotsiantis et al., 2006) 比较了模型树和加法回归模型在填充温度缺失数据方面的效果. Noor 等人 (Noor et al., 2013) 应用线性、二次和三次插值方法来填充与空气污染有关的缺失数据. Deng 等人 (Deng et al., 2019) 提出了通过线性插值、矩阵组合和矩阵转置改进的随机森林算法来填充电力缺失数据. Huang (Huang, 2021) 提出了一种结合线性插值和光梯度提升机的填充方法, 以填补火电机组门控过程中的数据缺失. 此外, 神经网络亦是填充缺失数据的有效工具. Bengio 和 Gingras (Bengio & Gingras, 1996) 提出了带有反馈到输入单元的循环神经网络 (RNN) 的缺失数据填充方法. Tresp 和 Briegel (Tresp & Briegel, 1998) 将非线性 RNN 模型和线性误差模型结合起来, 解决了血糖数据的缺失问题. Wei 和 Tang (Wei & Tang, 2003) 提出了一种基于自组织映射神经网络的两阶段填充方法, 并将其用于大型信用卡数据集. Nkuna 和 Odiyo (Nkuna & Odiyo, 2011) 通过采用径向基函数的神经网络来填充降雨缺失数据. Kim 和 Chi (Kim & Chi, 2018) 使用 RNN 网络和 LSTM 网络来处理早期冲击预测的数据缺失问题. 此外, 一些缺失数据填充模型也可借助于专业知识进行设计. 例如, Taugourdeau 等人 (Taugourdeau et al., 2014) 借助生态学假设来替换功能特征数据库中的缺失数据, Yang 和 Hu (Yang & Hu, 2018) 通过时空插值填充气溶胶光学厚度缺失数据.

参考文献

[1] 何书元. 应用时间序列分析 [M]. 北京: 北京大学出版社, 2003.

[2] Bengio Y, Gingras F. Recurrent neural networks for missing or asynchronous data [C]. Advances in neural information processing systems (NIPS), 1996, 395-401.

[3] Deng W, Guo Y, Liu J, et al. A missing power data filling method based on improved random forest algorithm [J]. Chinese Journal of Electrical Engineering, 2019, 5: 33-39.

[4] Dunis C, Karalis V. Weather derivatives pricing and filling analysis for missing temperature data [J]. Derivative Use Trading Regulation, 2003, 9: 61-83.

[5] Feng H, Chen G, Cheng Y, et al. A svm regression based approach to filling in missing values [C]. International Conference on Knowledge-based & Intelligent Information & Engineering Systems, Springer, Berlin, 2005, 581-587.

[6] Henn B, Raleigh M S, Fisher A, et al. A comparison of methods for filling gaps in hourly near-surface air temperature data [J]. Journal of Hydrometeorology, 2013, 14 (3): 929-945.

[7] Huang G L. Missing data filling method based on linear interpolation and lightgbm [J]. Journal of Physics: Conference Series, 2021, 1754 (1): 012187.

[8] Kim Y J, Chi M. Temporal belief memory: Imputing missing data during RNN training [C]. Twenty-Seventh International Joint Conference on Artificial Intelligence (IJCAI), 2018, 2326-2332.

[9] Kotsiantis S, Kostoulas A, Lykoudis S, et al. Filling missing temperature values in weather data banks [C]. 2nd IEE International Conference on Intelligent Environments, 2006, 327-334.

[10] Lin S, Wu X, Martinez G, et al. Filling missing values on wearable-sensory time series data [C]. Proceedings of the 2020 SIAM International Conference on Data Mining, 2020, 46-54.

[11] Nkuna T R, Odiyo J O. Filling of missing rainfall data in Luvuvhu River Catchment using artificial neural networks [J]. Physics & Chemistry of the Earth, Parts A/B/C, 2011, 36: 830-835.

[12] Noor M N, Yahaya A S, Ramli N A, et al. Filling missing data using interpolation methods: study on the effect of fitting distribution [J]. Key Engineering Materials, 2013, 594-595: 889-895.

[13] Taugourdeau S, Villerd J, Plantureux S, et al. Filling the gap in functional trait databases: use of ecological hypotheses to replace missing data [J]. Ecology & Evolution, 2014, 4 (7): 944-958.

[14] Tresp V, Briegel T. A solution for missing data in recurrent neural networks with an application to blood glucose prediction [C]. Neural Information Processing Systems (NIPS), MIT press, 1998, 971-977.

[15] Wei W, Tang Y. A generic neural network approach for filling missing data in data mining [C]. IEEE International Conference on Systems, Man and Cybernetics, Conference Theme-System Security & Assurance, 2003, 862-867.

[16] Yang J, Hu M. Filling the missing data gaps of daily MODIS AOD using spatiotemporal interpolation [J]. Science of The Total Environment, 2018, 633: 677-683.

第 4 章　指数平滑预测优化模型及其应用

指数平滑预测模型是生产和生活预测中常用的一种模型. 本章主要介绍如何利用乘法分解模式对指数平滑预测模型进行优化及其实例应用.

4.1　乘法分解模式

通常, 时间序列包含趋势项、季节项以及随机项, 时间序列乘法分解模式将时间序列分解为这 3 项的乘积.

定义 4.1　时间序列 $\{y_t\}_{t=1}^T$ 的乘法分解模式为:

$$y_t = Q_t \cdot S_t \cdot \epsilon_t,$$

其中, Q_t, S_t, ϵ_t 分别为趋势项、季节项以及随机项.

根据定义 4.1, 可得到时间序列乘法分解模式下剔除季节项影响的时间序列.

定义 4.2　称 $N_t = y_t/S_t$ 为时间序列乘法分解模式下剔除季节项影响之后的时间序列.

4.2　季节项的建模求解

现在来考虑季节项的建模求解. 将周期为 l 的数据序列 $y_1, y_2, \cdots, y_T\ (T = m \cdot l)$ 重新排序为 $y_{11}, y_{12}, \cdots, y_{1l}; y_{21}, y_{22}, \cdots, y_{2l}; \cdots; y_{m1}, y_{m2}, \cdots, y_{ml}.$ 据此可求得以下平均值

$$\bar{y}_k = \frac{y_{k1} + y_{k2} + \cdots + y_{kl}}{l},\ k = 1, 2, \cdots, m. \tag{4.1}$$

接下来, 介绍时间序列乘法分解模式下季节项 S_t 的求法—季节指数调整法, 在此方法中将相应的季节项称为季节指数.

定义 4.3　时间序列乘法分解模式下的季节指数为:

$$S_j = \frac{S_{1j} + S_{2j} + \cdots + S_{mj}}{m},\ j = 1, 2, \cdots, l,$$

其中, S_{ks} 通过下式求得:

$$S_{ks} = \frac{y_{ks}}{\bar{y}_k}, \ k = 1, 2, \cdots, m; s = 1, 2, \cdots, l,$$

$\bar{y}_k$ 的定义如式 (4.1) 所示.

可验证, 在时间序列乘法分解模式下, 有:

$$\sum_{j=1}^{l} S_j = \frac{1}{m} \sum_{k=1}^{m} \sum_{j=1}^{l} S_{kj} = \frac{1}{m} \sum_{k=1}^{m} \frac{\sum_{j=1}^{l} y_{kj}}{\bar{y}_k} = \frac{1}{m} \sum_{k=1}^{m} l = l,$$

即所定义的季节指数满足归一化条件.

有了季节指数的定义之后, 在已得知趋势项 M_t 的估计值 $\hat{M}_t$ 的情况下, 来看如何对相应的时间序列进行预测.

定义 4.4 时间序列乘法分解模式下剔除季节项影响的时间序列为:

$$y'_{kj} = \frac{y_{kj}}{S_j}, \ k = 1, 2, \cdots, m; j = 1, 2, \cdots, l,$$

若将 $y'_{11}, y'_{12}, \cdots, y'_{1l}; y'_{21}, y'_{22}, \cdots, y'_{2l}; \cdots; y'_{m1}, y'_{m2}, \cdots, y'_{ml}$ 重新依序记为 $y'_1, y'_2, \cdots, y'_T$, 其中 $T = m \cdot l$, 则最终可依据下式求得乘法分解模式下时间序列的预测值:

$$\hat{y}_t = \hat{M}_t \cdot S_t,$$

其中, $S_{l+j} = S_{2l+j} = \cdots = S_{(m-1)l+j} = S_j, \ j = 1, 2, \cdots, l.$

4.3 趋势项的指数平滑预测模型

指数平滑法是生产预测中常用的一种方法, 也常被用于中短期经济发展趋势预测. 接下来将在指数平滑法的基础上, 对两种特殊的指数平滑预测模型——一阶及二阶自适应系数预测模型进行介绍.

4.3.1 一阶自适应系数预测模型

一阶自适应系数预测法是建立在一次滑动平均以及一次指数平滑模型基础之上的. 因此, 先来对一次滑动平均和一次指数平滑模型进行简单介绍.

4.3.1.1　一次滑动平均预测模型

一次滑动平均法是对最近 N 期的数据进行权值均为 $1/N$ 的加权平均的一种方法. 首先来看一次滑动平均序列的定义.

定义 4.5　时间序列 $\{y_t\}_{t=1}^T$ 的以 N 为跨度的一次滑动平均序列为:

$$M_t^{(1)} = \frac{1}{N}\left(y_{t-N+1} + y_{t-N+2} + \cdots + y_t\right) = \frac{1}{N}\sum_{k=1}^N y_{t-N+k},$$

其中, $t = N, N+1, \cdots, T$.

定义 4.6　称 $\hat{y}_{t+1} = M_t^{(1)}$ 为时间序列 $\{y_t\}_{t=1}^T$ 的一次滑动平均预测的直接式.

据定义 4.6 可知:

$$\hat{y}_t = M_{t-1}^{(1)} = \frac{1}{N}\left(y_{t-N} + y_{t-N+1} + \cdots + y_{t-1}\right),$$

得到新数据 y_t 后, 有:

$$
\begin{aligned}
\hat{y}_{t+1} &= M_t^{(1)} = \frac{1}{N}\left(y_{t-N+1} + y_{t-N+2} + \cdots + y_t\right) \\
&= \frac{1}{N}\left[\left(y_{t-N} + y_{t-N+1} + \cdots + y_{t-1}\right) + \left(y_t - y_{t-N}\right)\right] \\
&= \hat{y}_t + \frac{1}{N}\left(y_t - y_{t-N}\right).
\end{aligned}
$$

因此, 有以下定义:

定义 4.7　称 $\hat{y}_{t+1} = \hat{y}_t + \left(y_t - y_{t-N}\right)/N$ 为时间序列 $\{y_t\}_{t=1}^T$ 的一次滑动平均预测循环式, 或误差改正式.

4.3.1.2　一次指数平滑预测模型

不同于一次滑动平均, 一次指数平滑法利用平滑系数 ξ 对数据进行权重调整并加以平均. 首先来看一次指数平滑序列的定义.

定义 4.8　时间序列 $\{y_t\}_{t=1}^T$ 的以 ξ 为平滑系数的一次指数平滑序列为:

$$E_t^{(1)} = \xi y_t + (1-\xi) E_{t-1}^{(1)},$$

其中, $t = 1, 2, \cdots, T$.

据定义 4.8 知:

$$
\begin{aligned}
E_t^{(1)} &= \xi y_t + (1-\xi)\left[\xi y_{t-1} + (1-\xi)E_{t-2}^{(1)}\right] \\
&= \xi y_t + \xi(1-\xi)y_{t-1} + (1-\xi)^2 E_{t-2}^{(1)} \\
&= \xi y_t + \xi(1-\xi)y_{t-1} + (1-\xi)^2\left[\xi y_{t-2} + (1-\xi)E_{t-3}^{(1)}\right] \\
&= \xi y_t + \xi(1-\xi)y_{t-1} + \xi(1-\xi)^2 y_{t-2} + (1-\xi)^3 E_{t-3}^{(1)} \\
&= \cdots \\
&= \xi y_t + \xi(1-\xi)y_{t-1} + \xi(1-\xi)^2 y_{t-2} + \cdots + \xi(1-\xi)^{t-1}y_1 + (1-\xi)^t E_0^{(1)},
\end{aligned}
$$

除最后一项 $E_0^{(1)}$ 的系数外, 其他项的权系数 $\xi, \xi(1-\xi), \cdots, \xi(1-\xi)^{t-1}$ 构成一组指数权重. 因此, 称 $E_t^{(1)}$ 为一次指数平滑序列. 且注意到, 所有项的权系数之和为:

$$
\begin{aligned}
& \xi + \xi(1-\xi) + \xi(1-\xi)^2 + \cdots + \xi(1-\xi)^{t-1} + (1-\xi)^t \\
&= \xi\left[1 + (1-\xi) + (1-\xi)^2 + \cdots + (1-\xi)^{t-1}\right] + (1-\xi)^t \\
&= \xi\frac{1-(1-\xi)^t}{1-(1-\xi)} + (1-\xi)^t \\
&= 1 - (1-\xi)^t + (1-\xi)^t \\
&= 1.
\end{aligned}
$$

定义 4.9 称 $\hat{y}_{t+1} = E_t^{(1)}$ 为时间序列 $\{y_t\}_{t=1}^T$ 的一次指数平滑预测直接式.

据定义 4.9 可知:

$$
\hat{y}_{t+1} = E_t^{(1)} = \xi y_t + (1-\xi)E_{t-1}^{(1)} = \xi y_t + (1-\xi)\hat{y}_t,
$$

故有:

$$
\hat{y}_{t+1} = \hat{y}_t + \xi(y_t - \hat{y}_t).
$$

因此, 类似于一次滑动平均预测法, 有如下定义:

定义 4.10 称 $\hat{y}_{t+1} = \hat{y}_t + \xi(y_t - \hat{y}_t)$ 为时间序列 $\{y_t\}_{t=1}^T$ 的一次指数平滑预测循环式, 或误差改正式.

4.3.1.3 一阶自适应系数预测模型

常见的预测模型通常都是采用将最新的真实数据和历史预测值进行加权平均的策略, 而所使用的权重系数均为同一固定值 (如一次滑动平均预测法), 或根据同一固定值进行简单变化得到 (如一次指数平滑预测法). 但是, 随着时间的变化, 仅仅采用同一个简单或通过简单变换得到的权重系数显然不太合理. 因此, 一阶自适应系数预测法采用通过对权重系数进行自适应更新的策略, 来达到更佳的预测效果. 首先来看一阶自适应系数预测法的定义.

定义 4.11 时间序列 $\{y_t\}_{t=1}^T$ 以 ξ_t 为动态平滑系数的一阶自适应系数预测模型的直接式为:

$$\hat{y}_{t+1} = \xi_t y_t + (1 - \xi_t) \hat{y}_t.$$

据定义 4.11 可知:

$$\hat{y}_{t+1} = \hat{y}_t + \xi_t (y_t - \hat{y}_t) = \hat{y}_t + \xi_t e_t,$$

故有如下定义:

定义 4.12 称 $\hat{y}_{t+1} = \hat{y}_t + \xi_t e_t$ 为一阶自适应系数预测模型的误差改正式, 其中, $e_t = y_t - \hat{y}_t$ 为时刻 t 预测值 $\hat{y}_t$ 与观测值 y_t 之间的误差.

以下根据 e_t 的变化来给出 ξ_t 的求法. 可以分为两种情形:

(1) e_t 的值有正亦有负. 此时, 可以认定不存在系统偏差.

(2) e_t 的所有值符号相同, 即 e_t 的所有值均为正或均为负. 此时, 可以认定存在系统偏差. 此种情形下, 应按照图 4.1 所示的方法对 ξ_t 进行调整.

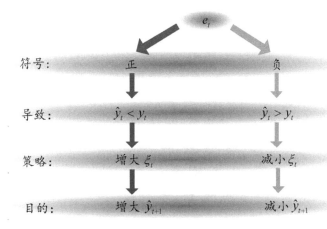

图 4.1 系统偏差存在情形下 ξ_t 的调整策略

这种系统偏差可以通过以下方法来衡量: 对 t 时刻以及之前的预测误差 e_i, 根据另一参数 β 对其分配指数权重, 并按如下方法进行组合:

$$E_t = \beta e_t + \beta(1-\beta)e_{t-1} + \cdots + \beta(1-\beta)^{t-1} e_1. \tag{4.2}$$

事实上, 式 (4.2) 可以视为初值 E_0 取值为 0, 权重系数取为 $(1-\beta)^t$ 的一次指数平滑序列. 则 $|E_t|$ 可用来衡量预测的系统偏差. 根据式 (4.2), 可得:

$$E_{t-1} = \beta e_{t-1} + \beta(1-\beta)e_{t-2} + \cdots + \beta(1-\beta)^{t-2} e_1, \tag{4.3}$$

将式 (4.3) 代入式 (4.2) 可得:

$$\begin{aligned} E_t &= \beta e_t + (1-\beta)\left[\beta e_{t-1} + \cdots + \beta(1-\beta)^{t-2} e_1\right] \\ &= \beta e_t + (1-\beta)E_{t-1}, \end{aligned} \tag{4.4}$$

则 E_t 可由式 (4.4) 进行递推得到.

由于权重系数一般都在区间 $(0,1)$ 内取值, 因此, 为了使 ξ_t 满足该条件, 令:

$$M_t = \beta|e_t| + \beta(1-\beta)|e_{t-1}| + \cdots + \beta(1-\beta)^{t-1}|e_1|, \tag{4.5}$$

则同理可得:

$$M_t = \beta|e_t| + (1-\beta)M_{t-1}. \tag{4.6}$$

最后, 令:

$$\xi_t = \frac{|E_t|}{M_t}, \tag{4.7}$$

便可得到满足约束条件 $0 < \xi_t < 1$ 的权重系数.

推论 4.13 时间序列 $\{y_t\}_{t=1}^T$ 的以 ξ_t 为动态平滑系数的一阶自适应系数预测值为:

$$\hat{y}_{t+1} = \xi_t y_t + (1-\xi_t)\hat{y}_t,$$

其中动态平滑系数 ξ_t 可通过下式得到:

$$\xi_t = \frac{|E_t|}{M_t},$$

其中, E_t 和 M_t 的定义分别如式 (4.4) 和式 (4.6) 所示, β $(0 < \beta < 1)$ 为一给定参数, 初值可取为: $E_0 = 0$, $M_0 = 0$.

4.3.2　二阶自适应系数预测模型

尽管采用一阶自适应系数预测法能取得较佳的预测效果, 但是, 相对于高阶的自适应系数预测法而言, 低阶的自适应系数预测法的预测精度仍相对较低. 因此, 除一阶自适应系数预测法外, 将对二阶自适应系数预测法也做进一步的介绍.

类似于一阶自适应系数预测法, 二阶自适应系数预测法是建立在二次滑动平均和二次指数平滑模型的基础之上的.

4.3.2.1　二次滑动平均预测模型

二次滑动平均是在一次滑动平均的基础上再作一次滑动平均, 首先来看二次滑动平均序列的定义.

定义 4.14　时间序列 $\{y_t\}_{t=1}^T$ 的以 N 为跨度的二次滑动平均序列为:

$$M_t^{(2)} = \frac{1}{N}(M_{t-N+1}^{(1)} + M_{t-N+2}^{(1)} + \cdots + M_t^{(1)}) = \frac{1}{N}\sum_{k=1}^N M_{t-N+k}^{(1)},$$

其中, $t = 2N, 2N+1, \cdots, T$, $M_i^{(1)}$ $(i = N+1, N+2, \cdots, T)$ 的定义如定义 4.5 所示.

据定义 4.14 可知, 二次滑动平均项 $M_t^{(2)}$ 相对于一次滑动平均项 $M_t^{(1)}$ 亦存在一定的滞后, 接下来来探讨这种滞后效应与一次滑动平均项 $M_t^{(1)}$ 相对于原始数据项 y_t 的滞后之间的关系. 有如下定理:

定理 4.15　当 y_t 为线性序列 $y_t = Kt + B$ 时, 二次滑动平均项 $M_t^{(2)}$ 相对于一次滑动平均项 $M_t^{(1)}$ 的滞后量与一次滑动平均项 $M_t^{(1)}$ 相对于原始数据项 y_t 的滞后量相等, 即:

$$M_t^{(1)} - M_t^{(2)} = y_t - M_t^{(1)}.$$

证明: 据一次滑动平均序列的定义 (定义 4.5) 可知:

$$
\begin{aligned}
M_t^{(1)} &= \frac{1}{N}\left(y_{t-N+1} + y_{t-N+2} + \cdots + y_t\right)\\
&= \frac{1}{N}\left\{[K(t-N+1)+B]+[K(t-N+2)+B]+\cdots+[K(t-1)+B]+(Kt+B)\right\}\\
&= \frac{1}{N}\left\{[(Kt+B)-K(N-1)]+[(Kt+B)-K(N-2)]+\cdots+[(Kt+B)-K]\right.\\
&\quad \left.+(Kt+B)\right\}
\end{aligned}
$$

$$\begin{aligned}
&= \frac{1}{N}\left\{[y_t - K(N-1)] + [y_t - K(N-2)] + \cdots + (y_t - K) + y_t\right\} \\
&= \frac{1}{N}\left\{Ny_t - K[(N-1) + (N-2) + \cdots + 1]\right\} \\
&= \frac{1}{N}\left[Ny_t - K\frac{[(N-1)+1](N-1)}{2}\right] \\
&= y_t - \frac{N-1}{2}K.
\end{aligned}$$

因此,

$$y_t - M_t^{(1)} = \frac{N-1}{2}K.$$

另外, 根据二次滑动平均的定义 (定义 4.14) 可知:

$$\begin{aligned}
M_t^{(2)} &= \frac{1}{N}\left(M_{t-N+1}^{(1)} + M_{t-N+2}^{(1)} + \cdots + M_{t-1}^{(1)} + M_t^{(1)}\right) \\
&= \frac{1}{N}\left[\left(y_{t-N+1} - \frac{N-1}{2}K\right) + \left(y_{t-N+2} - \frac{N-1}{2}K\right) + \cdots + \left(y_{t-1} - \frac{N-1}{2}K\right)\right. \\
&\quad \left. + \left(y_t - \frac{N-1}{2}K\right)\right] \\
&= \frac{1}{N}\left(y_{t-N+1} + y_{t-N+2} + \cdots + y_{t-1} + y_t\right) - \frac{N-1}{2}K \\
&= M_t^{(1)} - \frac{N-1}{2}K.
\end{aligned}$$

因此,

$$M_t^{(1)} - M_t^{(2)} = \frac{N-1}{2}K. \tag{4.8}$$

这就证明了

$$M_t^{(1)} - M_t^{(2)} = y_t - M_t^{(1)}. \tag{4.9}$$

证毕.

紧接着来看利用二次滑动平均预测法预测具有线性趋势的时间序列的预测原理. 有以下定理:

定理 4.16 若时间序列 $\{y_t\}_{t=1}^{T}$ 具有线性趋势, 则基于该时间序列的二次滑动平均预测过程如下所示:

$$\begin{aligned}
\hat{y}_{t+1} &= \frac{2N}{N-1}M_t^{(1)} - \frac{N+1}{N-1}M_t^{(2)}, \ t = 2N, 2N+1, \cdots, T, \\
\hat{y}_{T+l} &= 2M_T^{(1)} - M_T^{(2)} + \frac{2}{N-1}\left(M_T^{(1)} - M_T^{(2)}\right)l, \ l = 2, 3, \cdots.
\end{aligned}$$

证明: 具有线性趋势的时间序列 $\{y_t\}_{t=1}^T$ 的动态预测公式为:

$$\hat{y}_{t+l} = \hat{b}_t l + \hat{a}_t, \ l = 1, 2, \cdots . \tag{4.10}$$

因此, 需求知 $\hat{a}_t$ 及 $\hat{b}_t$. 根据定理 4.15 可知:

$$y_{t+l} = K(t+l) + B = Kl + (Kt + B) = Kl + y_t,$$

与式 (4.10) 对比可知:

$$\begin{cases} \hat{b}_t = K \\ \hat{a}_t = y_t \end{cases},$$

根据式 (4.9) 的变形可知:

$$\hat{a}_t = y_t = 2M_t^{(1)} - M_t^{(2)}, \ t = 2N, 2N+1, \cdots, T.$$

根据式 (4.8) 的变形可知:

$$\hat{b}_t = K = \frac{2}{N-1}\left(M_t^{(1)} - M_t^{(2)}\right), \ t = 2N, 2N+1, \cdots, T.$$

因此, 当 $t = 2N, 2N+1, \cdots, T$ 时,

$$\begin{aligned} \hat{y}_t &= \hat{b}_t + \hat{a}_t = \frac{2}{N-1}\left(M_t^{(1)} - M_t^{(2)}\right) + 2M_t^{(1)} - M_t^{(2)} \\ &= \left(2 + \frac{2}{N-1}\right)M_t^{(1)} - \left(1 + \frac{2}{N-1}\right)M_t^{(2)} \\ &= \frac{2N}{N-1}M_t^{(1)} - \frac{N+1}{N-1}M_t^{(2)}. \end{aligned}$$

当 $t > T$, 即 $l > 1$ 时,

$$\hat{y}_{T+l} = \hat{a}_T + \hat{b}_T l.$$

得证.

4.3.2.2　二次指数平滑预测模型

定义 4.17 假定有一次指数平滑序列 $E_1^{(1)}, E_2^{(1)}, \cdots, E_T^{(1)}$（这里 $E_t^{(1)} = \xi x_t + (1-\xi)E_{t-1}^{(1)}$, $t = 1, 2, \cdots, T$）, 那么二次指数平滑序列 $E_1^{(2)}, E_2^{(2)}, \cdots, E_T^{(2)}$ 中的 $E_t^{(2)}$ $(t = 1, 2, \cdots, T)$ 可通过对 $E_t^{(1)}$ 和 $E_{t-1}^{(2)}$ 进行如下的迭代更新得到:

$$E_t^{(2)} = \xi E_t^{(1)} + (1-\xi)E_{t-1}^{(2)},$$

其中, $t = 1, 2, \cdots, T$.

定义 4.17 中, $E_0^{(2)}$ 可根据具体情况设定, 如: 若设定 $E_0^{(1)} = y_1$, 则:

$$E_1^{(1)} = \xi y_1 + (1 - \xi) E_0^{(1)} = \xi y_1 + (1 - \xi) y_1 = y_1,$$

从而类似于 $E_0^{(1)}$ 的设定, 可设定初值 $E_0^{(2)} = E_1^{(1)}$, 即 $E_0^{(2)} = y_1$.

通过前面的介绍得知, 一次指数平滑序列 $E_1^{(1)}, E_2^{(1)}, \cdots, E_T^{(1)}$ 相对于原始数据列 $y_1, y_2, \cdots, y_T$ 有偏移或滞后效应. 下面来考虑二次指数平滑序列 $E_1^{(2)}, E_2^{(2)}, \cdots, E_T^{(2)}$ 相对于一次指数平滑序列 $E_1^{(1)}, E_2^{(1)}, \cdots, E_T^{(1)}$ 是否也存在偏移或滞后效应. 有如下结论:

定理 4.18 若时间序列 $\{y_t\}_{t=1}^T$ 具有线性趋势, 则二次指数平滑序列 $E_1^{(2)}, E_2^{(2)}, \cdots, E_T^{(2)}$ 相对于一次指数平滑序列 $E_1^{(1)}, E_2^{(1)}, \cdots, E_T^{(1)}$ 的滞后量 $E_t^{(1)} - E_t^{(2)}$ 与一次指数平滑序列 $E_1^{(1)}, E_2^{(1)}, \cdots, E_T^{(1)}$ 相对于原始数据列 $y_1, y_2, \cdots, y_T$ 的滞后量 $y_t - E_t^{(1)}$ 有如下关系:

$$\lim_{t \to +\infty} \left(E_t^{(1)} - E_t^{(2)} \right) = \lim_{t \to +\infty} \left(y_t - E_t^{(1)} \right).$$

证明: 若 $y_t = Kt + B$, 则:

$$\begin{cases} y_t - y_{t-1} = K \\ y_{t-1} - y_{t-2} = K \\ \quad\vdots \\ y_2 - y_1 = K \end{cases}.$$

因此, 若取初值 $E_0^{(1)} = y_1$, 可得:

$$\begin{aligned} E_t^{(1)} &= \xi y_t + (1 - \xi) E_{t-1}^{(1)} \\ &= \xi y_t + \xi (1 - \xi) y_{t-1} + (1 - \xi)^2 E_{t-2}^{(1)} \\ &= \cdots \\ &= \xi y_t + \xi (1 - \xi) y_{t-1} + \cdots + \xi (1 - \xi)^{t-2} y_2 + (1 - \xi)^{t-1} y_1 \end{aligned} \quad (4.11)$$

从而

$$E_{t-1}^{(1)} = \xi y_{t-1} + \xi (1 - \xi) y_{t-2} + \cdots + \xi (1 - \xi)^{t-3} y_2 + (1 - \xi)^{t-2} y_1. \quad (4.12)$$

式 (4.11) 与式 (4.12) 相减可得:

$$E_t^{(1)} - E_{t-1}^{(1)} = \xi (y_t - y_{t-1}) + \xi (1 - \xi) (y_{t-1} - y_{t-2}) + \cdots + \xi (1 - \xi)^{t-3} (y_3 - y_2)$$

$$+\left[\xi\left(1-\xi\right)^{t-2}y_2+\left(1-\xi\right)^{t-1}y_1-\left(1-\xi\right)^{t-2}y_1\right]$$

$$=\ \xi\left(y_t-y_{t-1}\right)+\xi\left(1-\xi\right)\left(y_{t-1}-y_{t-2}\right)+\cdots+\xi\left(1-\xi\right)^{t-3}\left(y_3-y_2\right)$$

$$+\xi\left(1-\xi\right)^{t-2}\left(y_2-y_1\right)$$

$$=\ \xi K+\xi\left(1-\xi\right)K+\cdots+\xi\left(1-\xi\right)^{t-3}K+\xi\left(1-\xi\right)^{t-2}K$$

$$=\ \xi K\left[1+\left(1-\xi\right)+\cdots+\left(1-\xi\right)^{t-3}+\left(1-\xi\right)^{t-2}\right]$$

$$=\ \xi K\frac{1-\left(1-\xi\right)^{t-1}}{1-\left(1-\xi\right)}$$

$$=\ K\left[1-\left(1-\xi\right)^{t-1}\right]. \tag{4.13}$$

类似地，

$$E_t^{(2)}\ =\ \xi E_t^{(1)}+\left(1-\xi\right)E_{t-1}^{(2)}$$

$$=\ \xi E_t^{(1)}+\xi\left(1-\xi\right)E_{t-1}^{(1)}+\left(1-\xi\right)^2E_{t-2}^{(2)}$$

$$=\ \cdots$$

$$=\ \xi E_t^{(1)}+\xi\left(1-\xi\right)E_{t-1}^{(1)}+\cdots+\xi\left(1-\xi\right)^{t-1}E_1^{(1)}+\left(1-\xi\right)^tE_0^{(2)}. \tag{4.14}$$

故

$$E_{t-1}^{(2)}=\xi E_{t-1}^{(1)}+\xi\left(1-\xi\right)E_{t-2}^{(1)}+\cdots+\xi\left(1-\xi\right)^{t-2}E_1^{(1)}+\left(1-\xi\right)^{t-1}E_0^{(2)}. \tag{4.15}$$

式 (4.14) 与式 (4.15) 相减可得：

$$E_t^{(2)}-E_{t-1}^{(2)}$$

$$=\ \xi\left(E_t^{(1)}-E_{t-1}^{(1)}\right)+\xi\left(1-\xi\right)\left(E_{t-1}^{(1)}-E_{t-2}^{(1)}\right)+\cdots+\xi\left(1-\xi\right)^{t-2}\left(E_2^{(1)}-E_1^{(1)}\right)$$

$$+\left[\xi\left(1-\xi\right)^{t-1}E_1^{(1)}+\left(1-\xi\right)^tE_0^{(2)}-\left(1-\xi\right)^{t-1}E_0^{(2)}\right]$$

$$=\ \xi\left(E_t^{(1)}-E_{t-1}^{(1)}\right)+\xi\left(1-\xi\right)\left(E_{t-1}^{(1)}-E_{t-2}^{(1)}\right)+\cdots+\xi\left(1-\xi\right)^{t-2}\left(E_2^{(1)}-E_1^{(1)}\right)$$

$$+\left[\xi\left(1-\xi\right)^{t-2}E_1^{(1)}-\xi\left(1-\xi\right)^{t-1}E_0^{(2)}\right]$$

$$=\ \xi\left(E_t^{(1)}-E_{t-1}^{(1)}\right)+\xi\left(1-\xi\right)\left(E_{t-1}^{(1)}-E_{t-2}^{(1)}\right)+\cdots+\xi\left(1-\xi\right)^{t-2}\left(E_2^{(1)}-E_1^{(1)}\right)$$

$$+\left[\xi\left(1-\xi\right)^{t-1}y_1-\xi\left(1-\xi\right)^{t-1}y_1\right]$$

$$=\ \xi\left(E_t^{(1)}-E_{t-1}^{(1)}\right)+\xi\left(1-\xi\right)\left(E_{t-1}^{(1)}-E_{t-2}^{(1)}\right)+\cdots+\xi\left(1-\xi\right)^{t-2}\left(E_2^{(1)}-E_1^{(1)}\right)$$

$$=\ \xi K\left[1-\left(1-\xi\right)^{t-1}\right]+\xi\left(1-\xi\right)K\left[1-\left(1-\xi\right)^{t-2}\right]+\cdots+\xi\left(1-\xi\right)^{t-2}K\left[1-\left(1-\xi\right)\right]$$

$$=\ \xi K\left[1-\left(1-\xi\right)^{t-1}+\left(1-\xi\right)-\left(1-\xi\right)^{t-1}+\cdots+\left(1-\xi\right)^{t-2}-\left(1-\xi\right)^{t-1}\right]$$

$$=\ \xi K\left[1+\left(1-\xi\right)+\cdots+\left(1-\xi\right)^{t-2}\right]-\xi K\left(t-1\right)\left(1-\xi\right)^{t-1}$$

$$
\begin{aligned}
&= \xi K \frac{1-(1-\xi)^{t-1}}{1-(1-\xi)} - \xi K (t-1)(1-\xi)^{t-1} \\
&= K\left[1-(1-\xi)^{t-1}\right] - \xi K (t-1)(1-\xi)^{t-1}.
\end{aligned}
\tag{4.16}
$$

结合式 (4.13) 和式 (4.16) 可知:

$$
E_t^{(2)} - E_{t-1}^{(2)} = E_t^{(1)} - E_{t-1}^{(1)} - \xi K (t-1)(1-\xi)^{t-1}.
\tag{4.17}
$$

因此,

$$
E_{t-1}^{(1)} - E_{t-1}^{(2)} = E_t^{(1)} - E_t^{(2)} - \xi K (t-1)(1-\xi)^{t-1}.
$$

又因为

$$
\begin{aligned}
E_t^{(1)} - E_t^{(2)} &= \left[\xi y_t + (1-\xi) E_{t-1}^{(1)}\right] - \left[\xi E_t^{(1)} + (1-\xi) E_{t-1}^{(2)}\right] \\
&= \xi \left(y_t - E_t^{(1)}\right) + (1-\xi)\left(E_{t-1}^{(1)} - E_{t-1}^{(2)}\right) \\
&= \xi \left(y_t - E_t^{(1)}\right) + (1-\xi)\left[E_t^{(1)} - E_t^{(2)} - \xi K (t-1)(1-\xi)^{t-1}\right] \\
&= \xi \left(y_t - E_t^{(1)}\right) + (1-\xi)\left(E_t^{(1)} - E_t^{(2)}\right) - \xi K (t-1)(1-\xi)^{t}.
\end{aligned}
$$

故

$$
E_t^{(1)} - E_t^{(2)} - (1-\xi)\left(E_t^{(1)} - E_t^{(2)}\right) = \xi \left(y_t - E_t^{(1)}\right) - \xi K (t-1)(1-\xi)^{t},
$$

即

$$
\xi \left(E_t^{(1)} - E_t^{(2)}\right) = \xi \left(y_t - E_t^{(1)}\right) - \xi K (t-1)(1-\xi)^{t},
$$

即

$$
y_t - E_t^{(1)} = \left(E_t^{(1)} - E_t^{(2)}\right) + K (t-1)(1-\xi)^{t}.
\tag{4.18}
$$

式 (4.18) 中, $y_t - E_t^{(1)}$ 为一次指数平滑序列 $E_1^{(1)}, E_2^{(1)}, \cdots, E_T^{(1)}$ 相对于原始数据列 $y_1, y_2, \cdots, y_T$ 的滞后量, $E_t^{(1)} - E_t^{(2)}$ 为二次指数平滑序列 $E_1^{(2)}, E_2^{(2)}, \cdots, E_T^{(2)}$ 相对于一次指数平滑序列 $E_1^{(1)}, E_2^{(1)}, \cdots, E_T^{(1)}$ 的滞后量. 这就说明, 一次指数平滑序列的滞后量与二次指数平滑序列的滞后量不相等, 两者之间相差 $K (t-1)(1-\xi)^{t}$. 以下使用洛必达法则来说明 $\lim_{t \to +\infty} K (t-1)(1-\xi)^{t} = 0$.

因此, 根据洛必达法则可知:

$$
\lim_{t \to +\infty} K (t-1)(1-\xi)^{t} = \lim_{t \to +\infty} K \frac{t-1}{(1-\xi)^{-t}}
$$

$$
\begin{aligned}
&=& \lim_{t \to +\infty} K \frac{t-1}{[1/(1-\xi)]^t} \\
&=& \lim_{t \to +\infty} K \frac{1}{t\,[1/(1-\xi)]^{t-1}} \\
&=& 0.
\end{aligned}
$$

得证.

由定理 4.18 可知, 若 y_t 具有线性趋势, 则可认为下式成立:

$$
E_t^{(1)} - E_t^{(2)} \approx y_t - E_t^{(1)}. \tag{4.19}
$$

因此, 若用式 $\hat{y}_{t+l} = \hat{b}_t l + \hat{a}_t$ 进行预测, 类似于二次滑动平均预测法, 有:

$$
\hat{a}_t = 2E_t^{(1)} - E_t^{(2)}. \tag{4.20}
$$

进一步, 据式 (4.16) 可知:

$$
E_t^{(2)} - E_{t-1}^{(2)} \approx K,
$$

且有

$$
\begin{aligned}
\xi \left[E_t^{(1)} - E_t^{(2)} \right] &=& \xi E_t^{(1)} - \xi E_t^{(2)} \\
&=& E_t^{(2)} - (1-\xi)\, E_{t-1}^{(2)} - \xi E_t^{(2)} \\
&=& (1-\xi) \left(E_t^{(2)} - E_{t-1}^{(2)} \right) \\
&\approx& (1-\xi)\, K.
\end{aligned}
$$

因此, 可用下式得到 b_t 的估计值 $\hat{b}_t$:

$$
\hat{b}_t = K = \frac{\xi}{1-\xi} \left[E_t^{(1)} - E_t^{(2)} \right]. \tag{4.21}
$$

从而, 有以下定理:

定理 4.19 若时间序列 $\{y_t\}_{t=1}^T$ 具有线性趋势, 则基于该时间序列的二次指数平滑预测过程如下所示:

$$
\begin{aligned}
\hat{y}_{t+1} &=& \frac{2-\xi}{1-\xi} E_t^{(1)} - \frac{1}{1-\xi} E_t^{(2)}, \ t = 1, 2, \cdots, T-1, \\
\hat{y}_{T+l} &=& 2E_T^{(1)} - E_T^{(2)} + \frac{\xi}{1-\xi} \left(E_T^{(1)} - E_T^{(2)} \right) l, \ l = 1, 2, \cdots.
\end{aligned}
$$

证明: 只需将式 (4.20) 和式 (4.21) 代入时间序列的线性预测表达式即可.

4.3.2.3 二阶自适应系数预测模型

二阶自适应系数预测法是建立在一阶自适应系数预测法和二次指数平滑预测法的原理之上的预测方法. 相比一次、二次指数平滑预测法而言, 二阶自适应系数预测法通过以下两式分别对一次、二次指数平滑序列进行改进:

$$E_t^{(1)} = \xi_t y_t + (1 - \xi_t) E_{t-1}^{(1)}, \tag{4.22}$$

$$E_t^{(2)} = \xi_t E_t^{(1)} + (1 - \xi_t) E_{t-1}^{(2)}. \tag{4.23}$$

据此, 在一阶自适应系数预测法和二次指数平滑预测法的预测原理之上, 可知二阶自适应系数预测法可通过以下定理获得最终的预测值:

定理 4.20 若时间序列 $\{y_t\}_{t=1}^T$ 具有线性趋势, 则基于该时间序列的二阶自适应系数预测过程如下所示:

$$\hat{y}_{t+1} = \frac{2 - \xi_t}{1 - \xi_t} E_t^{(1)} - \frac{1}{1 - \xi_t} E_t^{(2)}, \ t = 1, 2, \cdots, T - 1,$$

$$\hat{y}_{T+l} = 2E_T^{(1)} - E_T^{(2)} + \frac{\xi_T}{1 - \xi_T} \left(E_T^{(1)} - E_T^{(2)} \right) l, \ l = 1, 2, \cdots.$$

其中, ξ_t 由式 (4.7) 确定.

4.4 指数平滑预测优化模型

可以看出, 一阶以及二阶自适应系数预测模型中均含有需提前确定的参数 β. 常见的一阶以及二阶自适应系数预测模型直接对该参数根据经验赋值为 $\beta = 0.1$ 或 $\beta = 0.2$. 与此不同, 本章采用基本的粒子群优化 BPSO 这一人工智能优化算法确定该参数的值, 且使用以下两种预测模型构建策略 (见图 4.2).

策略 1: 利用人工智能优化算法优化一阶、二阶自适应系数预测模型.

策略 2: 先对原始数据序列依据时间序列乘法分解模式进行分解, 然后对剔除季节项影响后的时间序列按照策略 1 进行预测, 最后根据时间序列乘法分解模式的反向操作对季节指数及得到的预测序列进行乘法组合并得到最终的预测结果.

依据这两种预测模型构建策略, 且在粒子群优化算法中使用均方误差 MSE 作为损失函数, 接下来给出 4 种基于时间序列分解模式的指数平滑预测优化模型, 依次为:

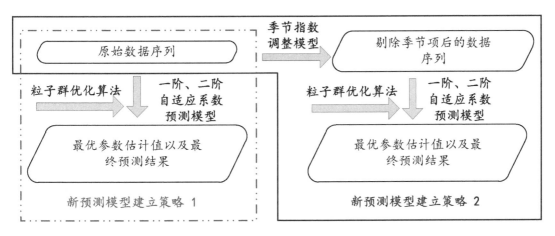

图 4.2　指数平滑预测优化模型构建策略

基于粒子群优化算法的一阶自适应系数预测模型、基于粒子群优化算法的二阶自适应系数预测模型、基于时间序列分解模式和粒子群优化的一阶自适应系数预测模型以及基于时间序列分解模式和粒子群优化的二阶自适应系数预测模型, 分别将其简记为 PFAC 模型、PSAC 模型、SPFAC 模型以及 SPSAC 模型, 以下分别对这 4 种模型进行简单介绍.

4.4.1　PFAC 模型

PFAC 模型可通过以下步骤建立 (该模型的算法伪代码如算法 4.1 所示):
步骤 1: 利用 BPSO 算法, 得到使以下损失函数 $Loss$ 取值最小的最优参数估计值:

$$Loss\left(\beta\right)=\frac{1}{T_1}\sum_{t=1}^{T_1}\left[y_t-\left(\frac{\left|\beta e_{t-1}+\left(1-\beta\right)E_{t-2}\right|}{\beta\left|e_{t-1}\right|+\left(1-\beta\right)M_{t-2}}y_{t-1}+\left(1-\frac{\left|\beta e_{t-1}+\left(1-\beta\right)E_{t-2}\right|}{\beta\left|e_{t-1}\right|+\left(1-\beta\right)M_{t-2}}\right)\hat{y}_{t-1}\right)\right]^2;$$

步骤 2: 将步骤 1 中得到的最优参数估计值代入一阶自适应系数预测模型, 得到时间序列的预测值.

4.4.2　PSAC 模型

PSAC 模型可通过以下步骤建立 (该模型的算法伪代码如算法 4.2 所示):
步骤 1: 利用 BPSO 算法, 得到使以下损失函数 $Loss$ 取值最小的最优参数估计值:

$$Loss\left(\beta\right)=\frac{1}{T_1}\sum_{t=1}^{T_1}\left[y_t-\frac{\left(2-\left|\beta e_{t-1}+\left(1-\beta\right)E_{t-2}^{(1)}\right|/\left(\beta\left|e_{t-1}\right|+\left(1-\beta\right)M_{t-2}^{(1)}\right)\right)E_{t-1}^{(1)}-E_{t-1}^{(2)}}{1-\left|\beta e_{t-1}+\left(1-\beta\right)E_{t-2}^{(1)}\right|/\left(\beta\left|e_{t-1}\right|+\left(1-\beta\right)M_{t-2}^{(1)}\right)}\right]^2,$$

其中,

$$E_{t-1}^{(1)} = \frac{\left| \beta e_{t-1} + (1-\beta) E_{t-2}^{(1)} \right|}{\beta \left| e_{t-1} \right| + (1-\beta) M_{t-2}^{(1)}} y_{t-1} + \left(1 - \frac{\left| \beta e_{t-1} + (1-\beta) E_{t-2}^{(1)} \right|}{\beta \left| e_{t-1} \right| + (1-\beta) M_{t-2}^{(1)}} \right) E_{t-2}^{(1)},$$

$$E_{t-1}^{(2)} = \frac{\left| \beta e_{t-1} + (1-\beta) E_{t-2}^{(1)} \right|}{\beta \left| e_{t-1} \right| + (1-\beta) M_{t-2}^{(1)}} E_{t-1}^{(1)} + \left(1 - \frac{\left| \beta e_{t-1} + (1-\beta) E_{t-2}^{(1)} \right|}{\beta \left| e_{t-1} \right| + (1-\beta) M_{t-2}^{(1)}} \right) E_{t-2}^{(2)};$$

步骤 2: 将步骤 1 中得到的最优参数估计值代入二阶自适应系数预测模型, 得到时间序列的预测值.

4.4.3　SPFAC 模型

SPFAC 模型可通过以下步骤建立 (该模型的算法伪代码如算法 4.3 所示):

步骤 1: 根据时间序列分解模式, 求得季节指数 S_j 以及剔除季节项影响后的时间序列 Q_t;

步骤 2: 利用 BPSO 算法, 得到使以下损失函数 $Loss$ 取值最小的最优参数估计值:

$$Loss\left(\beta\right) = \frac{1}{T_1} \sum_{t=1}^{T_1} \left[Q_t - \left(\frac{\left| \beta e_{t-1} + (1-\beta) E_{t-2} \right|}{\beta \left| e_{t-1} \right| + (1-\beta) M_{t-2}} Q_{t-1} + \left(1 - \frac{\left| \beta e_{t-1} + (1-\beta) E_{t-2} \right|}{\beta \left| e_{t-1} \right| + (1-\beta) M_{t-2}} \right) \hat{Q}_{t-1} \right) \right]^2;$$

步骤 3: 将步骤 2 中得到的参数值代入一阶自适应系数预测模型, 得到对应于剔除季节项影响之后的时间序列的预测值 $\hat{Q}_t$;

步骤 4: 根据时间序列乘法分解模式的反向操作对步骤 1 中得到的季节指数以及步骤 3 中得到的预测序列进行乘法组合并得到最终的预测结果.

4.4.4　SPSAC 模型

SPSAC 模型可通过以下步骤建立 (该模型的算法伪代码如算法 4.4 所示):

步骤 1: 根据时间序列分解模式, 求得季节指数 S_j 以及剔除季节项影响后的时间序列 Q_t;

步骤 2: 利用 BPSO 算法, 得到使以下损失函数 $Loss$ 取值最小的最优参数估计值:

$$Loss\left(\beta\right) = \frac{1}{T_1} \sum_{t=1}^{T_1} \left[Q_t - \frac{\left(2 - \left| \beta e_{t-1} + (1-\beta) E_{t-2}^{(1)} \right| / \left(\beta \left| e_{t-1} \right| + (1-\beta) M_{t-2}^{(1)} \right) \right) E_{t-1}^{(1)} - E_{t-1}^{(2)}}{1 - \left| \beta e_{t-1} + (1-\beta) E_{t-2}^{(1)} \right| / \left(\beta \left| e_{t-1} \right| + (1-\beta) M_{t-2}^{(1)} \right)} \right]^2;$$

步骤 3: 将步骤 2 中得到的参数值代入二阶自适应系数预测模型, 得到对应于剔除季节项影响之后的时间序列的预测值 $\hat{Q}_t$;

步骤 4: 根据时间序列乘法分解模式的反向操作对步骤 1 中得到的季节指数以及步骤 3 中得到的预测序列进行乘法组合并得到最终的预测结果.

算法 4.1　基于粒子群优化算法的一阶自适应系数预测算法 (PFAC)

输入: 时间序列历史值 $y_1, y_2, \cdots, y_{T_1+s-1}$

输出: 时间序列预测值 $\hat{y}_{T_1+1}, \hat{y}_{T_1+2}, \cdots, \hat{y}_{T_1+s}$

1: $\Omega \leftarrow \{1, 2, \cdots, NP\}$;

2: **for** $i \leftarrow 1$ **to** NP **do**

3: 　　$\beta_i \leftarrow rand$;

4: **end for**

5: $Iter \leftarrow 1$;

6: **while** $(Iter < Iter_{\max})$ **do**

7: 　　**for** $i \leftarrow 1$ **to** NP **do**

8: 　　　　$Loss\,(\beta_i) \leftarrow \frac{1}{T_1} \sum_{t=1}^{T_1} \left[y_t - \left(\frac{\left|\beta_i e_{t-1} + (1-\beta_i) E_{t-2}\right|}{\beta_i \left|e_{t-1}\right| + (1-\beta_i) M_{t-2}} y_{t-1} + \left(1 - \frac{\left|\beta_i e_{t-1} + (1-\beta_i) E_{t-2}\right|}{\beta_i \left|e_{t-1}\right| + (1-\beta_i) M_{t-2}}\right) \hat{y}_{t-1} \right) \right]^2$;

9: 　　　　**if** $(L_{ibest} > Loss\,(\beta_i))$ **then**

10: 　　　　　　$L_{ibest} \leftarrow Loss\,(\beta_i)$;

11: 　　　　　　$\beta_{ibest} \leftarrow \beta_i$;

12: 　　　　**end if**

13: 　　**end for**

14: 　　**for all** $i \in \Omega$ **do**

15: 　　　　**if** $(L_{gbest} > L_{ibest})$ **then**

16: 　　　　　　$L_{gbest} \leftarrow L_{ibest}$;

17: 　　　　　　$\beta_{gbest} \leftarrow \beta_i$;

18: 　　　　**end if**

19: 　　**end for**

20: 　　**for** $i \leftarrow 1$ **to** NP **do**

21: 　　　　$V_i \leftarrow \omega \cdot V_i + c_1 \cdot rand \cdot (P_{ibest} - \beta_i) + c_2 \cdot rand \cdot (P_{gbest} - \beta_i)$;

22: 　　　　$\beta_i \leftarrow \beta_i + V_i$;

23: 　　**end for**

24: 　　$Iter \leftarrow Iter + 1$;

25: **end while**

26: **for** $t \leftarrow T_1 + 1$ **to** $T_1 + s$ **do**

27: 　　$\hat{y}_t \leftarrow \frac{\left|\beta_{gbest} e_{t-1} + \left(1-\beta_{gbest}\right) E_{t-2}\right|}{\beta_{gbest} \left|e_{t-1}\right| + \left(1-\beta_{gbest}\right) M_{t-2}} y_{t-1} + \left(1 - \frac{\left|\beta_{gbest} e_{t-1} + \left(1-\beta_{gbest}\right) E_{t-2}\right|}{\beta_{gbest} \left|e_{t-1}\right| + \left(1-\beta_{gbest}\right) M_{t-2}}\right) \hat{y}_{t-1}$;

28: **end for**

算法 4.2 基于粒子群优化的二阶自适应系数预测算法 (PSAC)

输入： 时间序列历史值 $y_1, y_2, \cdots, y_T$

输出： 时间序列预测值 $\hat{y}_{T_1+1}, \hat{y}_{T_1+2}, \cdots, \hat{y}_{T_1+s}$

1: $\Omega \leftarrow \{1, 2, \cdots, NP\}$;

2: **for** $i \leftarrow 1$ **to** NP **do**

3: $\quad \beta_i \leftarrow rand$;

4: **end for**

5: $Iter \leftarrow 1$;

6: **while** $(Iter < Iter_{\max})$ **do**

7: $\quad$ **for** $i \leftarrow 1$ **to** NP **do**

8: $\quad\quad Loss\left(\beta_i\right) \leftarrow \frac{1}{T_1} \sum_{t=1}^{T_1} \left[y_t - \frac{\left(2 - \left|\beta_i e_{t-1} + (1-\beta_i)E_{t-2}^{(1)}\right| / \left(\beta_i \left|e_{t-1}\right| + (1-\beta_i)M_{t-2}^{(1)}\right)\right)E_{t-1}^{(1)} - E_{t-1}^{(2)}}{1 - \left|\beta_i e_{t-1} + (1-\beta_i)E_{t-2}^{(1)}\right| / \left(\beta_i \left|e_{t-1}\right| + (1-\beta_i)M_{t-2}^{(1)}\right)} \right]^2$;

9: $\quad\quad$ **if** $\left(L_{ibest} > Loss\left(\beta_i\right)\right)$ **then**

10: $\quad\quad\quad L_{ibest} \leftarrow Loss\left(\beta_i\right)$;

11: $\quad\quad\quad \beta_{ibest} \leftarrow \beta_i$;

12: $\quad\quad$ **end if**

13: $\quad$ **end for**

14: $\quad$ **for all** $i \in \Omega$ **do**

15: $\quad\quad$ **if** $\left(L_{gbest} > L_{ibest}\right)$ **then**

16: $\quad\quad\quad L_{gbest} \leftarrow L_{ibest}$;

17: $\quad\quad\quad \beta_{gbest} \leftarrow \beta_i$;

18: $\quad\quad$ **end if**

19: $\quad$ **end for**

20: $\quad$ **for** $i \leftarrow 1$ **to** NP **do**

21: $\quad\quad V_i \leftarrow \omega \cdot V_i + c_1 \cdot rand \cdot \left(P_{ibest} - \beta_i\right) + c_2 \cdot rand \cdot \left(P_{gbest} - \beta_i\right)$;

22: $\quad\quad \beta_i \leftarrow \beta_i + V_i$;

23: $\quad$ **end for**

24: $\quad Iter \leftarrow Iter + 1$;

25: **end while**

26: **for** $t \leftarrow T_1 + 1$ **to** $T_1 + s$ **do**

27: $\quad$ **if** $t \leqslant T + 1$ **then**

28: $\quad\quad \hat{y}_t \leftarrow \frac{\left(2 - \left|\beta_{gbest} e_{t-1} + \left(1-\beta_{gbest}\right)E_{t-2}^{(1)}\right| / \left(\beta_{gbest}\left|e_{t-1}\right| + \left(1-\beta_{gbest}\right)M_{t-2}^{(1)}\right)\right)E_{t-1}^{(1)} - E_{t-1}^{(2)}}{1 - \left|\beta_{gbest} e_{t-1} + \left(1-\beta_{gbest}\right)E_{t-2}^{(1)}\right| / \left(\beta_{gbest}\left|e_{t-1}\right| + \left(1-\beta_{gbest}\right)M_{t-2}^{(1)}\right)}$;

29: $\quad$ **else**

30: $\quad\quad \hat{y}_t \leftarrow 2E_T^{(1)} - E_T^{(2)} + \frac{\left|\beta_{gbest} e_T + \left(1-\beta_{gbest}\right)E_{T-1}^{(1)}\right| / \left(\beta_{gbest}\left|e_T\right| + \left(1-\beta_{gbest}\right)M_{T-1}^{(1)}\right)}{1 - \left|\beta_{gbest} e_T + \left(1-\beta_{gbest}\right)E_{T-1}^{(1)}\right| / \left(\beta_{gbest}\left|e_T\right| + \left(1-\beta_{gbest}\right)M_{T-1}^{(1)}\right)} \left(E_T^{(1)} - E_T^{(2)}\right)(t - T)$;

31: $\quad$ **end if**

32: **end for**

算法 4.3 基于时间序列分解模式和粒子群优化的一阶自适应系数预测算法 (SPFAC)

输入： 时间序列历史值 $y_1, y_2, \cdots, y_T$

输出： 时间序列预测值 $\hat{y}_{T_1+1}, \hat{y}_{T_1+2}, \cdots, \hat{y}_{T_1+s}$

1: $\Omega \leftarrow \{1, 2, \cdots, NP\}$;
2: **for** $i \leftarrow 1$ **to** NP **do**
3: 　　$\beta_i \leftarrow rand$;
4: **end for**
5: $Iter \leftarrow 1$;
6: **for** $j \leftarrow 1$ **to** l **do**
7: 　　$I_j \leftarrow \frac{1}{m} \sum_{i=1}^{m} y_{ij}/\bar{y}_i$;
8: **end for**
9: **for** $j \leftarrow 1$ **to** l **do**
10: 　　**for** $i \leftarrow 1$ **to** $m-1$ **do**
11: 　　　　$S_{j+i\cdot l} \leftarrow I_j$;
12: 　　**end for**
13: **end for**
14: **for** $i \leftarrow 1$ **to** T **do**
15: 　　$Q_i \leftarrow y_i/S_i$;
16: **end for**
17: **while** $(Iter < Iter_{\max})$ **do**
18: 　　**for** $i \leftarrow 1$ **to** NP **do**
19: 　　　　$Loss\,(\beta_i) \leftarrow \frac{1}{T_1} \sum_{t=1}^{T_1} \left[Q_t - \left(\frac{\left|\beta_i e_{t-1}+(1-\beta_i)E_{t-2}^{(1)}\right|}{\beta_i \left|e_{t-1}\right|+(1-\beta_i)M_{t-2}^{(1)}} Q_{t-1} + \left(1 - \frac{\left|\beta_i e_{t-1}+(1-\beta_i)E_{t-2}^{(1)}\right|}{\beta_i \left|e_{t-1}\right|+(1-\beta_i)M_{t-2}^{(1)}} \right) \hat{Q}_{t-1} \right) \right]^2$;
20: 　　　　**if** $(L_{ibest} > Loss\,(\beta_i))$ **then**
21: 　　　　　　$L_{ibest} \leftarrow Loss\,(\beta_i)$;
22: 　　　　　　$\beta_{ibest} \leftarrow \beta_i$;
23: 　　　　**end if**
24: 　　**end for**
25: 　　**for all** $i \in \Omega$ **do**
26: 　　　　**if** $(L_{gbest} > L_{ibest})$ **then**
27: 　　　　　　$L_{gbest} \leftarrow L_{ibest}$;
28: 　　　　　　$\beta_{gbest} \leftarrow \beta_i$;
29: 　　　　**end if**
30: 　　**end for**
31: 　　**for** $i \leftarrow 1$ **to** NP **do**
32: 　　　　$V_i \leftarrow \omega \cdot V_i + c_1 \cdot rand \cdot (P_{ibest} - \beta_i) + c_2 \cdot rand \cdot (P_{gbest} - \beta_i)$;
33: 　　　　$\beta_i \leftarrow \beta_i + V_i$;
34: 　　**end for**
35: 　　$Iter \leftarrow Iter + 1$;
36: **end while**
37: **for** $t \leftarrow T_1 + 1$ **to** $T_1 + s$ **do**
38: 　　$\hat{Q}_t \leftarrow \frac{\left|\beta_{gbest} e_{t-1}+\left(1-\beta_{gbest}\right)E_{t-2}^{(1)}\right|}{\beta_{gbest}\left|e_{t-1}\right|+(1-\beta_{gbest})M_{t-2}^{(1)}} y_{t-1} + \left(1 - \frac{\left|\beta_{gbest} e_{t-1}+\left(1-\beta_{gbest}\right)E_{t-2}^{(1)}\right|}{\beta_{gbest}\left|e_{t-1}\right|+(1-\beta_{gbest})M_{t-2}^{(1)}} \right) \hat{y}_{t-1}$;
39: **end for**
40: **for** $t \leftarrow T_1 + 1$ **to** $T_1 + s$ **do**
41: 　　$\hat{y}_t \leftarrow \hat{Q}_t \cdot S_t$;
42: **end for**

算法 4.4 基于时间序列分解模式和粒子群优化的二阶自适应系数预测算法 (SPSAC)

输入： 时间序列历史值 $y_1, y_2, \cdots, y_T$

输出： 时间序列预测值 $\hat{y}_{T_1+1}, \hat{y}_{T_1+2}, \cdots, \hat{y}_{T_1+s}$

1: $\Omega \leftarrow \{1, 2, \cdots, NP\}$;

2: **for** $i \leftarrow 1$ **to** NP **do**

3:      $\beta_i \leftarrow rand$;

4: **end for**

5: $Iter \leftarrow 1$;

6: **for** $j \leftarrow 1$ **to** l **do**

7:      $I_j \leftarrow \frac{1}{m} \sum_{i=1}^{m} y_{ij} / \bar{y}_i$;

8: **end for**

9: **for** $j \leftarrow 1$ **to** l **do**

10:      **for** $i \leftarrow 1$ **to** $m-1$ **do**

11:          $S_{j+i\cdot l} \leftarrow I_j$;

12:      **end for**

13: **end for**

14: **for** $i \leftarrow 1$ **to** T **do**

15:      $Q_i \leftarrow y_i / S_i$;

16: **end for**

17: **while** $(Iter < Iter_{\max})$ **do**

18:      **for** $i \leftarrow 1$ **to** NP **do**

19:          $Loss(\beta_i) \leftarrow \frac{1}{T_1} \sum_{t=1}^{T_1} \left[Q_t - \frac{\left(2 - \left|\beta_i e_{t-1} + (1-\beta_i) E_{t-2}^{(1)}\right| / \left(\beta_i \left|e_{t-1}\right| + (1-\beta_i) M_{t-2}^{(1)}\right)\right) E_{t-1}^{(1)} - E_{t-1}^{(2)}}{1 - \left|\beta_i e_{t-1} + (1-\beta_i) E_{t-2}^{(1)}\right| / \left(\beta_i \left|e_{t-1}\right| + (1-\beta_i) M_{t-2}^{(1)}\right)} \right]^2$;

20:          **if** $(L_{ibest} > Loss(\beta_i))$ **then**

21:              $L_{ibest} \leftarrow Loss(\beta_i)$;

22:              $\beta_{ibest} \leftarrow \beta_i$;

23:          **end if**

24:      **end for**

25:      **for all** $i \in \Omega$ **do**

26:          **if** $(L_{gbest} > L_{ibest})$ **then**

27:              $L_{gbest} \leftarrow L_{ibest}$;

28:              $\beta_{gbest} \leftarrow \beta_i$;

29:          **end if**

30:      **end for**

31:      **for** $i \leftarrow 1$ **to** NP **do**

32:          $V_i \leftarrow \omega \cdot V_i + c_1 \cdot rand \cdot (P_{ibest} - \beta_i) + c_2 \cdot rand \cdot (P_{gbest} - \beta_i)$;

33:          $\beta_i \leftarrow \beta_i + V_i$;

34:      **end for**

35:      $Iter \leftarrow Iter + 1$;

36: **end while**

37: **for** $t \leftarrow T_1 + 1$ **to** $T_1 + s$ **do**

38:      **if** $t \leqslant T + 1$ **then**

39:          $\hat{Q}_t \leftarrow \frac{\left(2 - \left|\beta_{gbest} e_{t-1} + (1-\beta_{gbest}) E_{t-2}^{(1)}\right| / \left(\beta_{gbest} \left|e_{t-1}\right| + (1-\beta_{gbest}) M_{t-2}^{(1)}\right)\right) E_{t-1}^{(1)} - E_{t-1}^{(2)}}{1 - \left|\beta_{gbest} e_{t-1} + (1-\beta_{gbest}) E_{t-2}^{(1)}\right| / \left(\beta_{gbest} \left|e_{t-1}\right| + (1-\beta_{gbest}) M_{t-2}^{(1)}\right)}$;

40:      **else**

41:          $\hat{Q}_t \leftarrow 2E_T^{(1)} - E_T^{(2)} + \frac{\left|\beta_{gbest} e_T + (1-\beta_{gbest}) E_{T-1}^{(1)}\right| / \left(\beta_{gbest} \left|e_T\right| + (1-\beta_{gbest}) M_{T-1}^{(1)}\right)}{1 - \left|\beta_{gbest} e_T + (1-\beta_{gbest}) E_{T-1}^{(1)}\right| / \left(\beta_{gbest} \left|e_T\right| + (1-\beta_{gbest}) M_{T-1}^{(1)}\right)} \left(E_T^{(1)} - E_T^{(2)}\right)(t-T)$;

42:      **end if**

43: **end for**

44: **for** $t \leftarrow T_1 + 1$ **to** $T_1 + s$ **do**

45:      $\hat{y}_t \leftarrow \hat{Q}_t \cdot S_t$;

46: **end for**

4.5　实例应用

4.5.1　实例数据

　　为了验证本章介绍的指数平滑预测优化模型在改善预测精度方面的有效性, 采用甘肃河西走廊 4 站点 (酒泉、马鬃山、武威以及张掖) 2001－2006 年的日平均风速数据对提出的模型进行模拟分析. 该 4 站点的数据序列图见图 4.3.

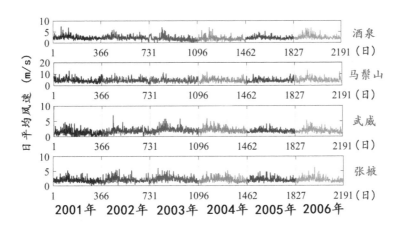

图 4.3　模拟分析数据序列

　　如图 4.3 所示, 该 4 站点的日平均风速数据呈现以年为周期的季节趋势. 因此, 采用风速的历史值和现在值对其未来值进行预测是合理的. 由于日平均风速数据呈现以年为周期的季节性趋势, 因此, 采用 2001－2005 年每个月的风速数据对 2006 年同月的风速进行预测. 需要注意的是, 2004 年各站点的 2 月份的日平均风速数据个数为 29, 比其他年份 2 月份的日平均风速数据个数多 1. 所以, 为了保持统一性, 在模拟实验中仅采用 2 月份的前 28 个数据.

4.5.2　损失函数

　　由于风速数据的采样值有时候为 0, 因此若将粒子群优化算法的损失函数取为 MAPE, 则粒子群优化算法在此种情况下将无法运行, 这也正是选取 MSE 为粒子群优化算法对应的损失函数的原因. 需要注意的是, 尽管 MAPE 这种误差评判准则不适宜作为粒子群优化算法的损失函数, 在风速值大于 0 的情形下, 仍可用其评判预测模型的精度.

4.5.3 模型误差模拟分析

本章 BPSO 中使用的参数值为: $c_1 = c_2 = 2$, $\omega_{\max} = 0.9$, $\omega_{\min} = 0.4$, $Iter_{\max} = 1000$. 表 4.1 给出了本章所述的四种预测优化模型 PFAC、PSAC、SPFAC 以及 SP-SAC 的使用粒子群优化算法得到的参数 β 的估计值. 同时, 表 4.1 亦给出了传统的一阶以及二阶自适应系数预测模型 (分别简记为 FAC 与 SAC) 未使用粒子群优化算法优化的参数 β 估计值, 以便于进行对比研究.

表 4.1 参数 β 估计值

站点	月份	参数 β 估计值					
		FAC	SAC	PFAC	PSAC	SPFAC	SPSAC
酒泉	1 月	0.2000	0.2000	0.0642	0.0275	0.0832	0.0307
	2 月	0.2000	0.2000	0.0062	9.6×10^{-18}	5.6×10^{-4}	0.0099
	3 月	0.2000	0.2000	6.2×10^{-17}	0.0073	0.8961	0.0075
	4 月	0.2000	0.2000	1.5×10^{-17}	3.4×10^{-17}	2.0×10^{-16}	4.8×10^{-17}
	5 月	0.2000	0.2000	0.0297	0.0081	0.0302	0.0116
	6 月	0.2000	0.2000	3.4×10^{-18}	0.0093	3.8×10^{-17}	8.4×10^{-18}
	7 月	0.2000	0.2000	4.1×10^{-17}	3.9×10^{-17}	4.9×10^{-17}	2.0×10^{-19}
	8 月	0.2000	0.2000	1.7×10^{-16}	0.0144	0.0436	0.0200
	9 月	0.2000	0.2000	0.0204	0.0091	0.0306	0.0159
	10 月	0.2000	0.2000	8.3×10^{-18}	0.0099	0.0659	0.0199
	11 月	0.2000	0.2000	0.0241	0.0060	0.0206	0.0098
	12 月	0.2000	0.2000	4.1×10^{-18}	0.0050	0.0596	0.0274
马鬃山	1 月	0.2000	0.2000	1.6×10^{-17}	0.0053	0.0052	0.0057
	2 月	0.2000	0.2000	3.4×10^{-16}	3.4×10^{-17}	0.1086	4.5×10^{-17}
	3 月	0.2000	0.2000	0.0018	2.0×10^{-17}	0.0020	2.2×10^{-17}
	4 月	0.2000	0.2000	6.0×10^{-16}	2.4×10^{-17}	2.2×10^{-17}	5.4×10^{-17}
	5 月	0.2000	0.2000	3.1×10^{-18}	4.3×10^{-17}	0.0035	2.7×10^{-17}
	6 月	0.2000	0.2000	0.0028	4.0×10^{-18}	0.0095	7.4×10^{-18}
	7 月	0.2000	0.2000	0.0013	3.6×10^{-17}	3.5×10^{-17}	7.4×10^{-18}
	8 月	0.2000	0.2000	0.0011	3.9×10^{-17}	0.0018	4.9×10^{-17}
	9 月	0.2000	0.2000	0.0043	2.9×10^{-17}	0.0044	4.3×10^{-17}
	10 月	0.2000	0.2000	4.0×10^{-16}	3.9×10^{-17}	0.0789	5.3×10^{-17}
	11 月	0.2000	0.2000	5.5×10^{-17}	1.1×10^{-17}	1.2×10^{-16}	7.3×10^{-18}
	12 月	0.2000	0.2000	2.5×10^{-4}	3.5×10^{-17}	5.6×10^{-4}	0.0334
武威	1 月	0.2000	0.2000	3.7×10^{-17}	0.0072	1.5×10^{-17}	0.0079
	2 月	0.2000	0.2000	0.0282	0.0087	1.0×10^{-16}	0.0124
	3 月	0.2000	0.2000	3.9×10^{-17}	2.1×10^{-17}	2.0×10^{-17}	0.0089
	4 月	0.2000	0.2000	4.6×10^{-17}	0.0050	3.3×10^{-17}	0.0092
	5 月	0.2000	0.2000	1.4×10^{-17}	0.0065	1.3×10^{-16}	0.0054
	6 月	0.2000	0.2000	6.8×10^{-17}	0.0113	4.2×10^{-17}	0.0488
	7 月	0.2000	0.2000	0.0325	0.0092	0.0361	0.0154
	8 月	0.2000	0.2000	1.7×10^{-16}	0.0106	2.2×10^{-16}	0.0187
	9 月	0.2000	0.2000	4.6×10^{-17}	0.0108	0.0473	2.7×10^{-17}

续表

站点	月份	参数 β 估计值					
		FAC	SAC	PFAC	PSAC	SPFAC	SPSAC
武威	10 月	0.2000	0.2000	0.0689	0.0298	0.0557	0.0216
	11 月	0.2000	0.2000	0.0140	0.0060	0.0153	0.0070
	12 月	0.2000	0.2000	1.4×10^{-16}	2.0×10^{-17}	2.5×10^{-16}	0.0110
张掖	1 月	0.2000	0.2000	7.1×10^{-18}	2.8×10^{-17}	4.4×10^{-18}	3.3×10^{-17}
	2 月	0.2000	0.2000	0.0015	5.1×10^{-17}	5.2×10^{-4}	2.1×10^{-17}
	3 月	0.2000	0.2000	7.7×10^{-18}	1.2×10^{-17}	1.9×10^{-16}	3.4×10^{-17}
	4 月	0.2000	0.2000	0.0161	1.7×10^{-17}	0.0173	2.5×10^{-17}
	5 月	0.2000	0.2000	1.7×10^{-18}	1.9×10^{-17}	1.8×10^{-16}	3.9×10^{-18}
	6 月	0.2000	0.2000	1.3×10^{-15}	2.9×10^{-18}	0.0127	0.0072
	7 月	0.2000	0.2000	5.4×10^{-17}	1.2×10^{-17}	8.6×10^{-18}	1.3×10^{-17}
	8 月	0.2000	0.2000	0.0052	3.4×10^{-17}	0.0052	1.0×10^{-17}
	9 月	0.2000	0.2000	0.0305	1.8×10^{-17}	0.0141	1.3×10^{-17}
	10 月	0.2000	0.2000	0.0013	3.4×10^{-18}	0.0020	1.7×10^{-17}
	11 月	0.2000	0.2000	4.0×10^{-17}	3.7×10^{-17}	2.2×10^{-16}	8.7×10^{-18}
	12 月	0.2000	0.2000	2.0×10^{-16}	8.7×10^{-18}	3.3×10^{-4}	4.4×10^{-17}

从表 4.1 可以看出, 本章介绍的 4 种新模型中根据粒子群优化算法得到的参数 β 的估计值与传统的 FAC 和 SAC 模型相比差异较大. 在表 4.1 的参数 β 的估计值的基础上, 表 4.2 以酒泉为例, 给出了本章所涉及的 6 种模型的预测精度.

表 4.2　酒泉站点不同模型的预测精度

月份	指标	预测精度					
		FAC	SAC	PFAC	PSAC	SPFAC	SPSAC
1 月	MSE	0.5588	0.7516	0.4880	0.5015	0.4880	0.4980
	MAPE	25.42	28.72	24.72	22.51	25.91	26.71
2 月	MSE	0.9590	1.2545	0.7525	0.7374	0.5816	0.5854
	MAPE	37.60	40.53	27.76	28.56	28.34	32.85
3 月	MSE	1.8530	2.4168	1.3351	1.4053	1.0849	1.0425
	MAPE	33.55	33.90	31.88	37.79	34.29	39.30
4 月	MSE	2.2193	2.9110	1.6189	1.5934	1.3433	1.3153
	MAPE	50.66	52.49	38.53	35.21	40.95	38.46
5 月	MSE	1.2369	1.6687	1.0522	0.9435	0.8063	0.7501
	MAPE	41.64	45.89	37.62	38.70	38.45	39.81
6 月	MSE	0.7998	1.1137	0.5935	0.6002	0.5072	0.5010
	MAPE	42.86	54.53	29.86	39.57	35.12	33.79
7 月	MSE	0.7508	1.0190	0.6106	0.6038	0.5975	0.5819
	MAPE	37.00	43.44	26.11	22.32	33.00	26.99
8 月	MSE	0.6157	0.7701	0.5229	0.5386	0.5385	0.5319
	MAPE	23.30	27.74	21.05	20.95	22.38	22.28
9 月	MSE	0.7410	0.9627	0.5658	0.5761	0.5865	0.6242
	MAPE	33.79	34.64	24.80	25.80	38.32	37.65
10 月	MSE	0.5644	0.7974	0.4789	0.4923	0.3714	0.3727
	MAPE	17.11	19.08	19.05	21.39	19.92	23.95
11 月	MSE	0.6098	0.8478	0.5192	0.5449	0.4331	0.4536
	MAPE	28.73	32.86	26.35	28.20	25.45	26.85
12 月	MSE	0.5208	0.6687	0.4931	0.5121	0.4635	0.4896
	MAPE	25.67	30.72	24.77	30.01	32.60	32.89

从表 4.2 可以看出, 相对于传统的一阶以及二阶自适应系数预测法而言, 本章介绍的 4 种预测优化模型的绝大多数 MSE 和 MAPE 值小于传统的一阶以及二阶自适应系数预测法得到的相应误差值, 即预测精度有所提高.

为了对预测精度的提高程度有更清晰的认识, 本章对 MSE 的相对下降百分比 (RE) 进行了评估:

$$\mathrm{RE}(t,i) = \frac{\mathrm{MSE}_{\mathrm{reference\ model}}(t) - \mathrm{MSE}_{\mathrm{model}\ i}(t)}{\mathrm{MSE}_{\mathrm{reference\ model}}(t)}, \tag{4.24}$$

其中, reference model 指模型 FAC, $i=1,2,\cdots,6$ 分别指本章涉及的 6 种预测模型: FAC、SAC、PFAC、PSAC、SPFAC 以及 SPSAC, $t=1,2,\cdots,12$ 分别指 1 月至 12 月. 各模型相对于 FAC 模型的 RE 减小程度如表 4.3 所示.

表 4.3 各模型相对于 FAC 模型的 RE 减小程度

月份	SAC	PFAC	PSAC	SPFAC	SPSAC	SAC	PFAC	PSAC	SPFAC	SPSAC
			酒泉					马鬃山		
1 月	−34.50	12.67	10.25	12.67	10.88	−25.50	19.77	12.35	36.66	27.95
2 月	−30.81	21.53	23.11	39.35	38.96	−42.18	19.14	22.44	32.39	37.62
3 月	−30.43	27.95	24.16	41.45	43.74	−31.72	19.02	22.31	30.61	32.55
4 月	−31.17	27.05	28.20	39.47	40.73	−21.92	20.34	22.67	32.73	33.22
5 月	−34.91	14.93	23.72	34.81	39.36	−12.92	20.34	22.67	32.73	33.22
6 月	−39.25	25.79	24.96	36.58	37.36	−36.31	30.46	32.96	45.38	48.65
7 月	−35.72	18.67	19.58	20.42	22.50	−36.60	18.25	20.68	24.68	28.15
8 月	−25.08	15.07	12.52	12.54	13.61	−17.34	20.11	19.70	28.82	28.58
9 月	−29.92	23.64	22.25	20.85	15.76	−29.42	26.84	30.42	32.94	34.92
10 月	−41.28	15.15	12.77	34.20	33.97	−25.52	23.27	25.78	17.27	21.33
11 月	−39.03	14.86	10.64	28.98	25.62	−17.77	13.72	14.51	28.71	31.28
12 月	−28.40	5.32	1.67	11.00	5.99	−28.48	3.56	0.68	7.14	−9.81
月份	SAC	PFAC	PSAC	SPFAC	SPSAC	SAC	PFAC	PSAC	SPFAC	SPSAC
			武威					张掖		
1 月	−28.82	19.74	18.67	24.68	23.86	−26.97	20.26	19.54	32.58	33.55
2 月	−26.28	15.29	16.85	22.96	23.04	−38.34	26.73	27.12	38.93	38.69
3 月	−42.15	29.79	26.93	39.89	37.37	−31.05	26.72	29.15	42.15	43.41
4 月	−44.59	24.09	22.22	38.07	34.24	−31.01	23.31	23.75	37.73	38.34
5 月	−34.62	21.04	17.13	28.33	22.15	−37.01	18.19	25.91	36.54	41.03
6 月	−27.45	27.62	17.58	29.56	18.78	−39.32	21.27	18.72	33.21	29.65
7 月	−30.87	20.80	18.55	33.00	30.59	−31.52	18.70	18.08	28.62	27.82
8 月	−37.24	25.88	20.83	33.82	28.06	−39.21	17.76	20.58	32.53	33.89
9 月	−29.51	26.07	25.49	29.71	31.53	−25.80	24.87	37.89	42.67	51.46
10 月	−24.42	15.90	16.35	13.20	13.65	−30.64	29.75	29.37	39.67	39.65
11 月	−30.72	14.24	7.59	15.23	8.35	−16.73	26.58	28.50	42.96	43.90
12 月	−30.91	21.87	16.94	30.02	26.91	−22.57	19.29	24.94	37.29	36.12

此外, 为了对各模型的预测精度进行综合评价, 引进平均 RE 减小程度这一误差准则 (Ave.), 其定义如下式所示:

$$\text{Ave.}(i) = \sum_{t=1}^{12} \text{RE}(t, i). \tag{4.25}$$

根据 RE 的定义可知: 基准模型 FAC 在各月份的 MSE 相对下降百分比 (RE)为 0, 因此, 其平均 RE 减小程度 Ave. 亦为 0. 图 4.4 给出了其他 5 种模型相对于 FAC 的平均 RE 减小程度.

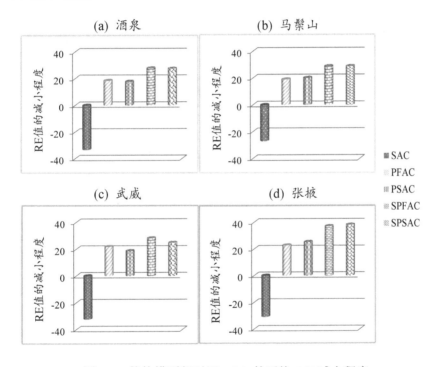

图 4.4　其他模型相对于 FAC 的平均 RE 减小程度

从表 4.3 和图 4.4 可以看出, 对于 4 个站点而言, 模型 SAC 相对于 FAC 的 RE 减小程度均为负数, 而本章介绍的 4 种优化预测模型相对于 FAC 的 RE 减小程度均为正数. 这表明本章介绍的四种预测优化模型的 MSE 误差均小于传统的 FAC 以及 SAC 模型的 MSE 误差值. 同时也说明高阶的模型并不总是优于低阶模型.

此外, 在这 6 种模型中, SPFAC 与 SPSAC 这两种模型的 MSE 误差均小于其他 4 种模型, 且对于酒泉和武威来说, 模型 SPFAC 的效果最佳, 而对于马鬃山和张掖这两个站点来说, 模型 SPSAC 的预测效果优于模型 SPFAC. 表 4.4 中的 MAPE 误差值亦表明本章介绍的 4 种预测优化模型比传统的一阶以及二阶自适应系数预测模型的预测效果更优.

表 4.4 不同站点数据的 **MAPE** 误差值

站点	MAPE					
	FAC	SAC	PFAC	PSAC	SPFAC	SPSAC
酒泉	33.1108	37.0450	27.7083	29.2508	31.2275	31.7942
马鬃山	36.3583	40.1742	33.9808	32.7600	35.0142	32.8758
武威	35.7408	39.8025	31.8292	30.6283	33.3508	31.8533
张掖	32.3333	37.5192	28.6325	29.7717	29.3175	31.7225

与 MSE 误差评判准则所呈现出的结果有所不同, 对于酒泉而言, 模型 PFAC 的 MAPE 误差最小, 其预测效果最好, PSAC 次之; 对于马鬃山而言, 模型 PSAC 的预测精度高于其他 5 种模型; 对于武威而言, 预测效果最佳的模型是 PSAC; 而模型 PFAC 在张掖地区的预测结果最为准确. 因此, 应该依据不同的误差评判准则以及实际数据类型、数据特征等其他一些因素和需求选取最佳的模型.

4.6 阅读材料

关于未考虑季节项对预测精度影响的风速预测模型可以参阅统计模型 (Torres et al., 2005; Cadenas & Rivera, 2007)、神经网络模型 (Li & Shi, 2010)、模糊逻辑模型 (Damousis et al., 2004)、支持向量机 (Zhou et al., 2011) 以及空间-时间模型 (Morales et al., 2010) 等.

参考文献

[1] 吕林涛, 王鹏, 李军怀, 等. 基于时间序列的趋势性分析及其预测算法研究 [J]. 计算机工程与应用, 2004, 19: 172-174, 208.

[2] 牛东晓, 曹树华, 卢建昌. 电力负荷预测技术及其应用 [M]. 北京: 中国电力出版社, 1998.

[3] 同济大学数学系. 高等数学: 第六版 [M]. 北京: 高等教育出版社, 2007.

[4] Cadenas E, Rivera W. Wind speed forecasting in the south coast of Oaxaca, Mexico [J]. Renewable Energy, 2007, 32 (12): 2116-2128.

[5] Damousis I G, Alexiadis M C, Theocharis J B, et al. A fuzzy model for wind speed prediction and power generation in wind parks using spatial correlation [J]. IEEE Transactions on Energy Conversersion, 2004, 19 (2): 352-361.

[6] Li G, Shi J. On comparing three artificial neural networks for wind speed forecasting [J]. Applied Energy, 2010, 87 (7): 2313-2320.

[7] Morales J M, Minguez R, Conejo A J. A methodology to generate statistically dependent wind speed scenarios [J]. Applied Energy, 2010, 87 (3): 843-855.

[8] Torres J L, Garcia A, De Blas M.,et al. Forecast of hourly average wind speed with Arma models in Navarre (Spain) [J]. Solar Energy, 2005, 79: 65-77.

[9] Zhou J Y, Shi J, Li G. Fine tuning support vector machines for short-term wind speed forecasting [J]. Energy Conversion & Management, 2011, 52 (4): 1990-1998.

第 5 章　BP 神经网络预测优化模型及其应用

神经网络模型对于拟合非线性函数具有良好的性能, 且由于其高精度, 常被用于时间序列预测中. 从第 4 章可以看到使用时间序列乘法分解模式及粒子群智能优化算法, 指数平滑预测模型的预测精度有了较大提高. 事实上, 时间序列的分解模式除乘法分解模式之外, 还有一种分解模式—加法分解模式. 本章将对时间序列的加法分解模式在反向传播 (Back Propagation, BP) 神经网络预测性能的优化效果进行分析, 并将其与乘法分解模式的效果进行对比.

5.1　加法分解模式

定义 5.1　时间序列 $\{y_t\}_{t=1}^T$ 的加法分解模式为:

$$y_t = Q_t + S_t + \epsilon_t,$$

其中, Q_t, S_t, ϵ_t 分别为趋势项、季节项以及随机项.

根据定义 5.1, 可得到时间序列加法分解模式下剔除季节项影响的时间序列.

定义 5.2　称 $N_t = y_t - S_t$ 为时间序列加法分解模式下剔除季节项影响之后的时间序列.

类似于乘法分解模式, 首先来看时间序列加法分解模式下的季节趋势以及季节指数 S_t 的求法.

首先, 将周期为 l 的原时间序列 $y_1, y_2, \cdots, y_T$ $(T = m \cdot l)$ 重新排序为 $y_{11}, y_{12}, \cdots, y_{1l}; y_{21}, y_{22}, \cdots, y_{2l}; \cdots; y_{m1}, y_{m2}, \cdots, y_{ml}.$ 据此可求得平均值

$$\bar{y}_k = \frac{y_{k1} + y_{k2} + \cdots + y_{kl}}{l}, \ k = 1, 2, \cdots, m. \tag{5.1}$$

定义 5.3　定义时间序列加法分解模式下的季节指数为:

$$S_j = \frac{S_{1j} + S_{2j} + \cdots + S_{mj}}{m}, \ j = 1, 2, \cdots, l,$$

其中, S_{ks} 通过下式求得:

$$S_{ks} = y_{ks} - \bar{y}_k, \ k = 1, 2, \cdots, m; s = 1, 2, \cdots, l.$$

根据定义 5.2 可知时间序列加法分解模式下剔除季节项影响的时间序列为:

$$y'_{kj} = y_{kj} - S_j, \ k = 1, 2, \cdots, m; j = 1, 2, \cdots, l. \tag{5.2}$$

图 5.1 给出了时间序列加法分解模式下季节指数计算及剔除步骤的相应过程. 得到季节指数之后, 在已得知趋势项 M_t 的估计值 $\hat{M}_t$ 的情况下, 可对相应的时间序列进行预测.

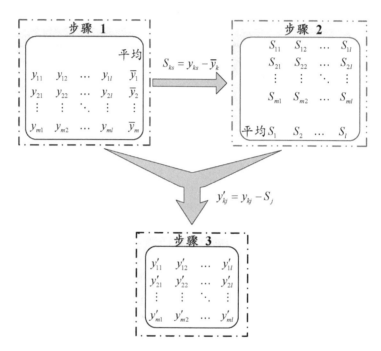

图 5.1　时间序列加法分解模式下季节指数计算及剔除步骤示意图

定义 5.4 将根据式 (5.2) 得到的 $y'_{11}, y'_{12}, \cdots, y'_{1l}; y'_{21}, y'_{22}, \cdots, y'_{2l}; \cdots; y'_{m1}, y'_{m2}, \cdots, y'_{ml}$ 重新依序记为 $y'_1, y'_2, \cdots, y'_T$, 其中 $T = m \cdot l$, 则时间序列加法分解模式下的时间序列预测值为:

$$\hat{y}_t = \hat{M}_t + S_t,$$

其中, $S_{l+j} = S_{2l+j} = \cdots = S_{(m-1)l+j} = S_j, \ j = 1, 2, \cdots, l.$

5.2　BP 神经网络预测模型

常用的神经网络模型较多, 本章主要介绍 BP 神经网络.

5.2.1　前向传播原理

定义 5.5　定义 L 为神经网络的总层数; 第 i $(i=1,\cdots,L-1)$ 层的基神经元为 $a_0^{(i)}$; 第 i $(i=1,2,\cdots,L)$ 层的神经元个数为 n_i (不包括基神经元在内); 第 i $(i=1,2,\cdots,L)$ 层的第 j $(j=0,1,\cdots,n_i)$ 个神经元为 $a_j^{(i)}$, 且 $a^{(i)}=\left(a_0^{(i)},a_1^{(i)},\cdots,a_{n_i}^{(i)}\right)$; 第 i $(i=1,2,\cdots,L-1)$ 层的第 j $(j=0,1,\cdots,n_i)$ 个神经元与第 $i+1$ 层的第 k $(k=1,\cdots,n_{i+1})$ 个神经元之间的连接权重为 $\theta_{jk}^{(i)}$; 第 i 层的传递函数(或激活函数) 为 g_i.

神经网络的前向传播原理由以下定义给出:

定义 5.6　若有一组给定的训练向量 (X,Y), 其中 $X=(x_1,x_2,\cdots,x_{n_1})\in \mathbf{R}^{n_1}$ 为神经网络的输入, Y 为神经网络的理想输出, 定义前向传播中各层更新后的神经元为:

(1) 输入层:

$a_0^{(1)}=1,\ a_j^{(1)}=g_1\left(x_j\right),\ j=1,2,\cdots,n_1$, 其中 $a_0^{(1)}$ 为该层的基神经元信号;

(2) 隐含层:

第 i $(i=1,2,\cdots,L-2)$ 个隐含层, 即整体神经网络结构的第 $i+1$ 层:
$a_0^{(i+1)}=1,a_j^{(i+1)}=g_{i+1}\left(z_j^{(i+1)}\right)$, 其中 $a_0^{(i+1)}$ 为该层的基神经元信号且 $z_j^{(i+1)}=\sum_{k=0}^{n_i}\theta_{kj}^{(i)}a_k^{(i)}$, $j=1,2,\cdots,n_{i+1}$;

(3) 输出层:

即整体神经网络结构的第 L 层: $a_j^{(L)}=g_L\left(z_j^{(L)}\right)$, 其中 $z_j^{(L)}=\sum_{k=0}^{n_{L-1}}\theta_{kj}^{(L-1)}a_k^{(L-1)}$, $j=1,2,\cdots,n_L$.

接下来, 通过反向传播原理来计算权重值 $\theta_{jk}^{(i)}$.

5.2.2　反向传播原理

定义 5.7　定义神经网络第 i 层的第 j 个神经元的误差为 $\delta_j^{(i)}$, 且 $\delta^{(i)}=\left(\delta_1^{(i)},\delta_2^{(i)},\cdots,\delta_{n_i}^{(i)}\right)$.

神经网络的反向传播原理由以下定义给出:

定义 5.8　若有一组给定的训练向量 (X,Y), 其中 $X=(x_1,x_2,\cdots,x_{n_1})\in \mathbf{R}^{n_1}$ 为神经网络的输入, $Y=(y_1,y_2,\cdots,y_{n_L})\in \mathbf{R}^{n_L}$ 为神经网络的理想输出, 定义反向传播中各层神经元的误差为:

(1) 输出层:

$\delta_j^{(L)}=\left(a_j^{(L)}-y_j\right)a_j^{(L)}\left(1-a_j^{(L)}\right)$, $j=1,2,\cdots,n_L$;

(2) 隐含层: 第 i $(i = 1, 2, \cdots, L-2)$ 个隐含层, 即整体神经网络结构的第 $i+1$ 层: $\delta_j^{(i+1)} = \sum_{k=1}^{n_{i+2}} \theta_{jk}^{(i+1)} \delta_k^{(i+2)} \cdot g_{i+1}{'}\left(z_j^{(i+1)}\right)$.

接下来, 来看一种特殊情形下的神经网络的反向传播原理.

定理 5.9 若神经网络输入层的传递函数为线性传递函数, 即 $g_1(x) = x$, 且其他层的传递函数均为 S 型传递函数, 即 $g_2(x) = g_3(x) = \cdots = g_L(x) = 1/(1 + \exp(-x))$, 则神经网络结构中第 i $(i = 1, 2, \cdots, L-2)$ 个隐含层中神经元的误差为:

$$\delta_j^{(i+1)} = \sum_{k=1}^{n_{i+2}} \theta_{jk}^{(i+1)} \delta_k^{(i+2)} \cdot a_j^{(i+1)} \left(1 - a_j^{(i+1)}\right).$$

证明: 令 $f(x) = 1/(1 + \exp(-x))$, 则

$$
\begin{aligned}
f'(x) &= \left(\frac{1}{1 + \exp(-x)}\right)' \\
&= -\frac{1}{(1 + \exp(-x))^2} \cdot (1 + \exp(-x))' \\
&= -\frac{1}{(1 + \exp(-x))^2} \cdot (-\exp(-x)) \\
&= \frac{\exp(-x)}{(1 + \exp(-x))^2} \\
&= \frac{1}{1 + \exp(-x)} \cdot \frac{\exp(-x)}{1 + \exp(-x)} \\
&= f(x) \cdot [1 - f(x)].
\end{aligned}
$$

得证.

定义 5.10 定义训练向量 (X, Y) 所对应的反向传播神经网络结构中的损失函数为:

$$Loss = \frac{1}{2} \sum_{j=1}^{n_L} \left(a_j^{(L)} - y_j\right)^2.$$

定理 5.11 若反向传播神经网络算法中的损失函数如定义 5.10 所示, 且神经网络输入层的传递函数为线性传递函数, 其他层的传递函数均为 S 型传递函数, 则损失函数 $Loss$ 满足:

$$\frac{\partial Loss}{\partial z_i^{(l)}} = \delta_i^{(l)}.$$

证明: 分两种情形来讨论.

情形 1: 若 $l = L$, 则

$$\frac{\partial Loss}{\partial z_i^{(L)}} = \frac{\partial \sum_{j=1}^{n_L} \left(a_j^{(L)} - y_j\right)^2}{2 \partial z_i^{(L)}}$$

$$
\begin{aligned}
&= \sum_{j=1}^{n_L} \left(a_j^{(L)} - y_j \right) \cdot \frac{\partial a_j^{(L)}}{\partial z_i^{(L)}} \\
&= \sum_{j=1}^{n_L} \left(a_j^{(L)} - y_j \right) \cdot \frac{\partial g_L \left(z_j^{(L)} \right)}{\partial z_i^{(L)}} \\
&= \delta_i^{(L)}.
\end{aligned}
$$

情形 2: 若 $l < L$, 用归纳法来证明. 首先来证明 $l = L - 1$ 时结论成立.

$$
\begin{aligned}
\frac{\partial Loss}{\partial z_i^{(L-1)}} &= \frac{\partial \sum_{j=1}^{n_L} \left(a_j^{(L)} - y_j \right)^2}{2 \partial z_i^{(L-1)}} \\
&= \sum_{j=1}^{n_L} \left(a_j^{(L)} - y_j \right) \cdot \frac{\partial a_j^{(L)}}{\partial z_i^{(L-1)}} \\
&= \sum_{j=1}^{n_L} \left(a_j^{(L)} - y_j \right) \cdot \left[\sum_{k=1}^{n_L} \frac{\partial g_L \left(z_j^{(L)} \right)}{\partial z_k^{(L)}} \cdot \frac{\partial z_k^{(L)}}{\partial z_i^{(L-1)}} \right] \\
&= \sum_{j=1}^{n_L} \left(a_j^{(L)} - y_j \right) \cdot a_j^{(L)} \left(1 - a_j^{(L)} \right) \cdot \theta_{ij}^{(L-1)} a_i^{(L-1)} \left(1 - a_i^{(L-1)} \right) \\
&= \sum_{j=1}^{n_L} \theta_{ij}^{(L-1)} \left[\left(a_j^{(L)} - y_j \right) \cdot a_j^{(L)} \left(1 - a_j^{(L)} \right) \right] \cdot a_i^{(L-1)} \left(1 - a_i^{(L-1)} \right) \\
&= \sum_{j=1}^{n_L} \theta_{ij}^{(L-1)} \delta_j^{(L)} \cdot a_i^{(L-1)} \left(1 - a_i^{(L-1)} \right) \\
&= \delta_i^{(L-1)}.
\end{aligned}
$$

现假设 $\partial Loss / \partial z_i^{(l)} = \delta_i^{(l)}$ 成立, 则

$$
\begin{aligned}
\frac{\partial Loss}{\partial z_i^{(l-1)}} &= \frac{\partial \sum_{j=1}^{n_L} \left(a_j^{(L)} - y_j \right)^2}{2 \partial z_i^{(l-1)}} \\
&= \sum_{j=1}^{n_l} \frac{\partial Loss}{\partial z_j^{(l)}} \cdot \frac{\partial z_j^{(l)}}{\partial z_i^{(l-1)}} \\
&= \sum_{j=1}^{n_l} \delta_j^{(l)} \theta_{ij}^{(l-1)} a_i^{(l-1)} \left(1 - a_i^{(l-1)} \right) \\
&= \delta_i^{(l-1)}.
\end{aligned}
$$

得证.

定理 5.12 若反向传播神经网络算法中的损失函数如定义 5.10 所示, 且神经网络输入层的传递函数为线性传递函数, 其他层的传递函数均为 S 型传递函数, 则损失函数 $Loss$ 满足:

$$\frac{\partial Loss}{\partial \theta_{ij}^{(l)}} = \delta_j^{(l+1)} a_i^{(l)}.$$

证明:

$$\begin{aligned}\frac{\partial Loss}{\partial \theta_{ij}^{(l)}} &= \frac{\partial Loss}{\partial z_j^{(l+1)}} \cdot \frac{\partial z_j^{(l+1)}}{\partial \theta_{ij}^{(l)}} \\ &= \delta_j^{(l+1)} a_i^{(l)}.\end{aligned}$$

得证.

根据定理 5.12 和梯度下降法, 有以下结论:

推论 5.13 用反向传播神经网络最小化如定义 5.10 所示的损失函数时, 权重系数的变化量可由下式确定:

$$\triangle \theta_{ij}^{(l)} = \eta \delta_j^{(l+1)} a_i^{(l)},$$

其中, η 为学习速率.

以上的讨论都是基于单组训练向量, 接下来给出基于 m 组训练向量 $(X(1), Y(1))$, $(X(2), Y(2)), \cdots, (X(m), Y(m))$ 的反向传播神经网络算法.

5.2.3 反向传播神经网络算法

首先, 给出 m 组训练向量 $(X(1), Y(1)), (X(2), Y(2)), \cdots, (X(m), Y(m))$ 的反向传播神经网络中各变量的定义.

定义 5.14 按照如下方式定义对应于第 p 组训练向量 $(X(p), Y(p))$ 的各变量: 第 i $(i = 1, \cdots, L-1)$ 层的基神经元为 $a_0^{(i)}(p)$; 第 i $(i = 1, 2, \cdots, L)$ 层的第 j $(j = 0, 1, \cdots, n_i)$ 个神经元为 $a_j^{(i)}(p)$, 且 $a^{(i)}(p) = \left(a_0^{(i)}(p), a_1^{(i)}(p), \cdots, a_{n_i}^{(i)}(p)\right)$; 第 i $(i = 1, 2, \cdots, L-1)$ 层的第 j $(j = 0, 1, \cdots, n_i)$ 个神经元与第 $i+1$ 层的第 k $(k = 1, \cdots, n_{i+1})$ 个神经元之间的连接权重为 $\theta_{jk}^{(i)}(p)$; 第 i 层的第 j 个神经元的误差为 $\delta_j^{(i)}(p)$, 且 $\delta^{(i)}(p) = \left(\delta_1^{(i)}(p), \delta_2^{(i)}(p), \cdots, \delta_{n_i}^{(i)}(p)\right)$.

接下来定义本章所使用的神经网络算法中的损失函数.

定义 5.15 定义 m 组训练向量 $(X(1), Y(1)), (X(2), Y(2)), \cdots, (X(m), Y(m))$ 所对应的反向传播神经网络算法中的损失函数为:

$$Loss = \frac{1}{2m} \sum_{p=1}^{m} \sum_{j=1}^{n_L} \left(a_j^{(L)}(p) - y_j(p) \right)^2.$$

推论 5.16 用反向传播神经网络最小化如定义 5.15 所示的损失函数时, 权重系数的变化量可由下式确定:

$$\triangle \theta_{ij}^{(l)} = \eta \frac{1}{m} \sum_{p=1}^{m} \delta_j^{(l+1)}(p) a_i^{(l)}(p),$$

其中, η 为学习速率.

接下来来看一种神经网络运行过程中用于检验计算正确与否的方法. 首先给出几个变量的定义.

定义 5.17 定义神经网络第 i ($i = 1, 2, \cdots, L-1$) 层与第 $i+1$ 层之间的权重系数所组成的矩阵为 $\Theta^{(i)}$, 即:

$$\Theta_{n_{i+1} \cdot (n_i+1)}^{(i)} = \begin{pmatrix} \theta_{01}^{(i)} & \theta_{11}^{(i)} & \cdots & \theta_{n_i,1}^{(i)} \\ \theta_{02}^{(i)} & \theta_{12}^{(i)} & \cdots & \theta_{n_i,2}^{(i)} \\ \vdots & \vdots & \ddots & \vdots \\ \theta_{0,n_{i+1}}^{(i)} & \theta_{1,n_{i+1}}^{(i)} & \cdots & \theta_{n_i,n_{i+1}}^{(i)} \end{pmatrix}.$$

注 5.18 定义 5.17 定义的权重系数矩阵 $\Theta^{(i)}$ 中, 并没有包含第 i 层的神经元与第 $i+1$ 层中的基神经元之间的连接权重 $\theta_{00}^{(i)}, \theta_{10}^{(i)}, \cdots, \theta_{n_i,0}^{(i)}$, 也就是说第 i 层的神经元与第 $i+1$ 层中的基神经元之间不存在连接关系.

接下来, 将对定义 5.17 定义的权重系数矩阵 $\Theta^{(i)}$ 进行向量化, 并给出神经网络运行过程中梯度计算正确与否的方法.

定义 5.19 定义 Θ 为将矩阵 $\Theta^{(1)}, \Theta^{(2)}, \cdots, \Theta^{(L-1)}$ 向量化之后所有向量形成的新向量, 即:

$$\begin{aligned} \Theta &= \left(\theta_{01}^{(1)}, \theta_{11}^{(1)}, \cdots, \theta_{n_1,1}^{(1)}, \theta_{02}^{(1)}, \theta_{12}^{(1)}, \cdots, \theta_{n_1,2}^{(1)}, \cdots, \theta_{0,n_2}^{(1)}, \theta_{1,n_2}^{(1)}, \cdots, \theta_{n_1,n_2}^{(1)}, \theta_{01}^{(2)}, \theta_{11}^{(2)}, \cdots, \theta_{n_2,1}^{(2)}, \right. \\ &\quad \theta_{02}^{(2)}, \theta_{12}^{(2)}, \cdots, \theta_{n_2,2}^{(2)}, \cdots, \theta_{0,n_3}^{(2)}, \theta_{1,n_3}^{(2)}, \cdots, \theta_{n_2,n_3}^{(2)}, \cdots, \theta_{01}^{(L-1)}, \theta_{11}^{(L-1)}, \cdots, \theta_{n_{L-1},1}^{(L-1)}, \theta_{02}^{(L-1)}, \\ &\quad \left. \theta_{12}^{(L-1)}, \cdots, \theta_{n_{L-1},2}^{(L-1)}, \cdots, \theta_{0,n_L}^{(L-1)}, \theta_{1,n_L}^{(L-1)}, \cdots, \theta_{n_{L-1},n_L}^{(L-1)} \right) \\ &= (\theta_1, \theta_2, \cdots, \theta_n). \end{aligned}$$

定义 5.20 定义 Δ 为由以下分量组成的向量:

$$
\begin{aligned}
\Delta = \frac{1}{m} \Bigg(& \sum_{p=1}^{m} \delta_1^{(2)}(p) a_0^{(1)}(p), \sum_{p=1}^{m} \delta_1^{(2)}(p) a_1^{(1)}(p), \cdots, \sum_{p=1}^{m} \delta_1^{(2)}(p) a_{n_1}^{(1)}(p), \\
& \sum_{p=1}^{m} \delta_2^{(2)}(p) a_0^{(1)}(p), \sum_{p=1}^{m} \delta_2^{(2)}(p) a_1^{(1)}(p), \cdots, \sum_{p=1}^{m} \delta_2^{(2)}(p) a_{n_1}^{(1)}(p), \\
& \cdots, \\
& \sum_{p=1}^{m} \delta_{n_2}^{(2)}(p) a_0^{(1)}(p), \sum_{p=1}^{m} \delta_{n_2}^{(2)}(p) a_1^{(1)}(p), \cdots, \sum_{p=1}^{m} \delta_{n_2}^{(2)}(p) a_{n_1}^{(1)}(p), \\
& \sum_{p=1}^{m} \delta_1^{(3)}(p) a_0^{(2)}(p), \sum_{p=1}^{m} \delta_1^{(3)}(p) a_1^{(2)}(p), \cdots, \sum_{p=1}^{m} \delta_1^{(3)}(p) a_{n_2}^{(2)}(p), \\
& \sum_{p=1}^{m} \delta_2^{(3)}(p) a_0^{(2)}(p), \sum_{p=1}^{m} \delta_2^{(3)}(p) a_1^{(2)}(p), \cdots, \sum_{p=1}^{m} \delta_2^{(3)}(p) a_{n_2}^{(2)}(p), \\
& \cdots, \\
& \sum_{p=1}^{m} \delta_{n_3}^{(3)}(p) a_0^{(2)}(p), \sum_{p=1}^{m} \delta_{n_3}^{(3)}(p) a_1^{(2)}(p), \cdots, \sum_{p=1}^{m} \delta_{n_3}^{(3)}(p) a_{n_2}^{(2)}(p), \\
& \cdots, \\
& \sum_{p=1}^{m} \delta_1^{(L)}(p) a_0^{(L-1)}(p), \sum_{p=1}^{m} \delta_1^{(L)}(p) a_1^{(L-1)}(p), \cdots, \sum_{p=1}^{m} \delta_1^{(L)}(p) a_{n_{L-1}}^{(L-1)}(p), \\
& \sum_{p=1}^{m} \delta_2^{(L)}(p) a_0^{(L-1)}(p), \sum_{p=1}^{m} \delta_2^{(L)}(p) a_1^{(L-1)}(p), \cdots, \sum_{p=1}^{m} \delta_2^{(L)}(p) a_{n_{L-1}}^{(L-1)}(p), \\
& \cdots, \\
& \sum_{p=1}^{m} \delta_{n_L}^{(L)}(p) a_0^{(L-1)}(p), \sum_{p=1}^{m} \delta_{n_L}^{(L)}(p) a_1^{(L-1)}(p), \cdots, \sum_{p=1}^{m} \delta_{n_L}^{(L)}(p) a_{n_{L-1}}^{(L-1)}(p) \Bigg).
\end{aligned}
$$

根据偏微分的定义, 有如下结论:

$$
\begin{cases}
\frac{\partial}{\partial \theta_1} Loss = \lim_{\epsilon \to 0} \frac{Loss(\theta_1+\epsilon,\theta_2,\theta_3,\cdots,\theta_n) - Loss(\theta_1-\epsilon,\theta_2,\theta_3,\cdots,\theta_n)}{2\epsilon} \\
\frac{\partial}{\partial \theta_2} Loss = \lim_{\epsilon \to 0} \frac{Loss(\theta_1,\theta_2+\epsilon,\theta_3,\cdots,\theta_n) - Loss(\theta_1,\theta_2-\epsilon,\theta_3,\cdots,\theta_n)}{2\epsilon} \\
\cdots \\
\frac{\partial}{\partial \theta_n} Loss = \lim_{\epsilon \to 0} \frac{Loss(\theta_1,\theta_2,\theta_3,\cdots,\theta_n+\epsilon) - Loss(\theta_1,\theta_2,\theta_3,\cdots,\theta_n-\epsilon)}{2\epsilon}
\end{cases}
$$

因此, 可将 ϵ 取为较小的值, 如 $\epsilon = 1 \times 10^{-4}$, 并将下式是否成立作为检验梯度计算正确与否的依据:

$$
\frac{Loss(\theta_1,\theta_2,\cdots,\theta_i+\epsilon,\cdots,\theta_n) - Loss(\theta_1,\theta_2,\cdots,\theta_i-\epsilon,\cdots,\theta_n)}{2\epsilon} \approx \Delta_i, i = 1,2,\cdots,n. \quad (5.3)
$$

若式 (5.3) 成立, 则梯度计算结果正确; 否则, 应重新检查运行过程中的每一步.

综上, 可根据如下"反向传播神经网络算法"对反向传播神经网络进行训练.

首先, 确定网络结构, 即神经网络的隐含层个数以及每一层的神经元个数. 最常用的神经网络结构为只含 1 个隐含层的网络结构, 或各隐含层的神经元个数相等的含有多个隐含层的网络结构. 其次, 按如下步骤对网络进行训练:

输入: m 组训练向量 $(X(1), Y(1)), (X(2), Y(2)), \cdots, (X(m), Y(m))$.

输出: 损失函数达到最小值时的权重系数.

BEGIN

步骤 1: 初始化权重系数;

步骤 2: 执行前向传播算法, 得到神经网络的输出 $a_i^{(L)}, i = 1, 2, \cdots, n_L$;

步骤 3: 计算损失函数;

步骤 4: 执行反向传播算法, 计算偏微分 $\partial Loss / \partial \theta_{jk}^{(i)}$:

FOR $p = 1 : m$

对训练样本 $(X(i), Y(i))$ 执行前向传播和反向传播算法, 以得到 $a^{(j)}(p), j = 1, 2, \cdots, L$ 和 $\delta^{(k)}(p), k = 2, 3, \cdots, L$;

END FOR

步骤 5: 检测编码直到梯度计算结果正确, 并在后续神经网络训练过程中去除该步;

步骤 6: 使用梯度下降法最小化损失函数 $Loss$, 并得到 $Loss$ 达到最小时的权重系数.

END

注 5.21 在权重系数初始化过程中, 若将所有的 $\theta_{ij}^{(l)}$ 的初值均设为 0, 则可以得到 $a_1^{(l)} = a_2^{(l)} = \cdots = a_{n_l}^{(l)}, l = 2, 3, \cdots, L$, 以及 $\delta_1^{(l)} = \delta_2^{(l)} = \cdots = \delta_{n_l}^{(l)}, l = 2, 3, \cdots, L$, 这将导致第 l 层的偏导数 $\partial Loss / \partial \theta_{ij}^{(l)}$ 都相等, 进而更新后的权重也相等. 这个过程将一直重复, 也就是说在神经网络执行过程中, 每一层的各个神经元所反映出的变量的属性是完全一样的, 这在实际应用中用处并不大. 因此, 在权重系数的初始化过程中, 可取一个接近于 0 的值 ρ, 并用 $rand \cdot 2\rho - \rho$ 来对权重系数进行初始化, 其中 $rand$ 为 $[0, 1]$ 之间的随机数, 也就是说在区间 $[-\rho, +\rho]$ 之间随机选取权重系数的值.

5.3　BP 神经网络预测优化模型

基于以上结论, 本章介绍如下预测优化模型 (该模型的伪代码如算法 5.1 所示):

算法 5.1 基于时间序列分解模式的神经网络预测模型

输入：$X(1), X(2), \cdots, X(m); Y(1), Y(2), \cdots, Y(m), X = (x_1, x_2, \cdots, x_{n_1})$
输出：$\hat{Y} = (\hat{y}_1, \hat{y}_2, \cdots, \hat{y}_{n_L})$

1: **for** $i \leftarrow 1$ **to** $L-1$ **do**
2:     **for** $k \leftarrow 0$ **to** n_i **do**
3:         **for** $j \leftarrow 1$ **to** n_{i+1} **do**
4:             $\theta_{kj}^{(i)} \leftarrow rand \cdot 2\rho - \rho;$
5:         **end for**
6:     **end for**
7: **end for**
8: 执行时间序列分解模式操作, 得到剔除季节项影响的时间序列以及季节指数;
9: 进行数据归一化处理
10: **for** $p \leftarrow 1$ **to** m **do**
11:     **for** $i \leftarrow 1$ **to** $L-1$ **do**
12:         $a_0^{(i)}(p) \leftarrow 0;$
13:     **end for**
14:     **for** $j \leftarrow 1$ **to** n_1 **do**
15:         $a_j^{(1)}(p) \leftarrow g_1(x_j(p));$
16:     **end for**
17: **end for**
18: **while** $Loss < \varepsilon$ **do**
19:     **for** $p \leftarrow 1$ **to** m **do**
20:         **for** $i \leftarrow 2$ **to** L **do**
21:             **for** $j \leftarrow 1$ **to** n_i **do**
22:                 $z_j^{(i)}(p) \leftarrow \sum_{k=0}^{n_{i-1}} \theta_{kj}^{(i-1)} a_k^{(i-1)}(p);$
23:                 $a_j^{(i)}(p) \leftarrow g_i\left(z_j^{(i)}(p)\right);$
24:             **end for**
25:         **end for**
26:         **for** $j \leftarrow 1$ **to** n_L **do**
27:             $\delta_j^{(L)}(p) \leftarrow \left(a_j^{(L)}(p) - y_j(p)\right) a_j^{(L)}(p) \left(1 - a_j^{(L)}(p)\right);$
28:         **end for**
29:         **for** $i \leftarrow 1$ **to** $L-2$ **do**
30:             $\delta_j^{(i+1)}(p) \leftarrow \sum_{k=1}^{n_{i+2}} \theta_{jk}^{(i+1)} \delta_k^{(i+2)}(p) g_{i+1}'\left(z_j^{(i+1)}(p)\right);$
31:         **end for**
32:     **end for**
33:     检验梯度计算结果是否正确
34:     **for** $l \leftarrow 1$ **to** $L-1$ **do**
35:         **for** $i \leftarrow 0$ **to** n_i **do**
36:             **for** $j \leftarrow 1$ **to** n_{i+1} **do**
37:                 $\theta_{ij}^{(l)} \leftarrow \theta_{ij}^{(l)} - \eta \sum_{p=1}^{m} \delta_j^{(l+1)}(p) a_i^{(l)}(p) / m;$
38:             **end for**
39:         **end for**
40:     **end for**
41:     $Loss \leftarrow \sum_{p=1}^{m} \sum_{j=1}^{n_L} \left(a_j^{(L)}(p) - y_j(p)\right)^2 / (2m);$
42: **end while**
43: **for** $j \leftarrow 1$ **to** n_L **do**
44:     $z_j^{(L)} \leftarrow \sum_{k=0}^{n_{L-1}} \theta_{kj}^{(L-1)} a_k^{(L-1)};$
45:     $\hat{Q}_j^{(L)} \leftarrow g_L\left(z_j^{(L)}\right);$
46: **end for**
47: 执行时间序列分解模式反向操作, 得到最终预测值.

模型: 基于时间序列分解模式的神经网络预测模型

输入: 与最终预测变量相关变量的历史值和现在值.

输出: 所期望的时刻或时间段的时间序列的预测值.

BEGIN

步骤 1: 依据时间序列分解模式对时间序列进行加法模式分解或乘法模式分解, 并得到季节指数以及剔除季节项影响之后的时间序列;

步骤 2: 对剔除季节项影响之后的时间序列执行**反向传播神经网络算法**, 并得到最终的神经网络输出;

步骤 3: 按照时间序列加法分解模式或乘法分解模式的反向操作对季节指数以及神经网络输出进行加法或乘法组合, 得到最终的预测值.

END

5.4　实例应用

本章采用民勤地区 2001−2006 年的日平均风速数据 (见图 5.2) 对介绍 BP 神经网络预测优化模型的预测精度进行验证和分析.

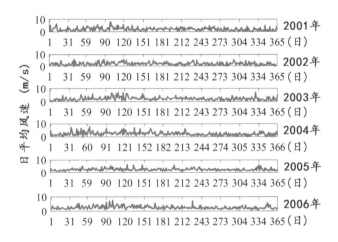

图 5.2　民勤地区 2001−2006 年的日平均风速数据

预测目标为 2006 年相关月份的日平均风速. 由于风速具有以年为周期的周期性, 因此可以采用时间序列的加法或乘法分解模式对风速时间序列进行分解. 根据风速具有以年为周期的周期性这一特征, 可采取如下预测策略: 使用 2001—2005 年某月份的日平均风速数据, 对 2006 年相同月份的日平均风速进行预测.

图 5.3 给出了本章使用的 3 层 BP 神经网络架构. 具体地, 将输入层的神经元个数 n_1 设为要预测月份的天数, n_2 的设定采用 Hecht-Nelson 理论 (Hecht-Nelson, 1987), 将其设为 $n_2 = 2n_1 + 1$, 输出层的神经元个数 $n_3 = n_1$. 此外, 输入层的神经元可以理解为决定输出层变量的自变量, 其各个分量代表了不同属性, 因此, 为了消除不同属性变量的量纲以及取值区间对模型的影响, 先依据以下方法对输入变量进行归一化处理:

$$x'_j(i) = \frac{x_j(i) - \min_{k=1}^{m}\{x_j(k)\}}{\max_{k=1}^{m}\{x_j(k)\} - \min_{k=1}^{m}\{x_j(k)\}}, \ j = 1, 2, \cdots, n_1.$$

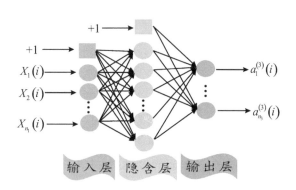

图 5.3　神经网络结构示意图

本章在模型"基于时间序列分解模式的 BP 神经网络预测模型"中将分别使用时间序列加法分解模式以及乘法分解模式, 以检验其在神经网络预测精度方面的提高程度. 图 5.4 给出了加法分解模式以及乘法分解模式下民勤地区 3 月份的神经网络预测曲线图以及不使用时间序列分解模式的神经网络的预测曲线图.

从图 5.4 可以看出, 对于该月份的绝大多数日期来说, 使用时间序列分解模式的神经网络的两条预测曲线的走向及大小较为相似, 而不使用时间序列分解模式的神经网络的预测曲线与使用时间序列分解模式的神经网络的两条预测曲线之间的差异较大. 接下来, 对该 3 种模型的预测精度使用误差评判准则 MSE 和 MAPE 进行量化. 除了对图 5.4 所示的 3 月份的误差进行计算, 还对其他 3 个月 (6 月、9 月以及 12 月) 对应模型的误差进行了计算, 以增强本章所介绍预测优化模型在预测精度提高方面的说服力. 不同模型的 MSE 和 MAPE 对比结果分别如图 5.5 和图 5.6 所示.

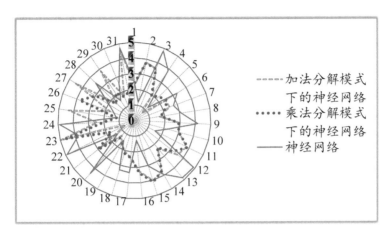

图 5.4　不同模式下的预测曲线图

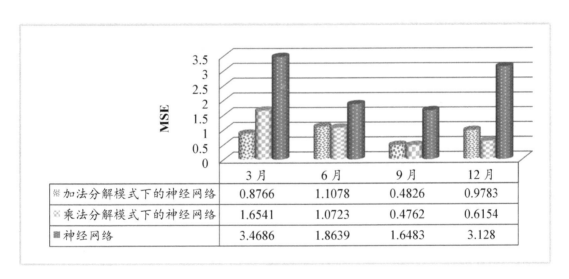

	3 月	6 月	9 月	12 月
※加法分解模式下的神经网络	0.8766	1.1078	0.4826	0.9783
※乘法分解模式下的神经网络	1.6541	1.0723	0.4762	0.6154
▓神经网络	3.4686	1.8639	1.6483	3.128

图 5.5　不同模型的 MSE 对比结果

从图 5.5 和图 5.6 可以看出, 无论是加法分解模式下还是乘法分解模式下, 神经网络的预测精度在 MSE 和 MAPE 误差评判准则下都比未使用时间序列分解模式的神经网络精度高. 并且从 MAPE 误差值可以看出, 使用时间序列分解模式的神经网络比未使用时间序列分解模式的神经网络预测精度最大程度上可从 62.4% 提高到 22.09% 和 21%. 但是, 加法分解模式下的神经网络与乘法分解模式下的神经网络相比各有优劣: 在 MSE 误差评判准则下, 在 3 月份, 加法分解模式下的神经网络优于乘法分解模式下的神经网络; 在其他月份, 加法分解模式下的神经网络都劣于乘法分解模式下的神经网络. 当误差评判准则为 MAPE 时, 乘法分解模式下的神经网络预测结果均优于加法分解模式下的神经网络的预测结果.

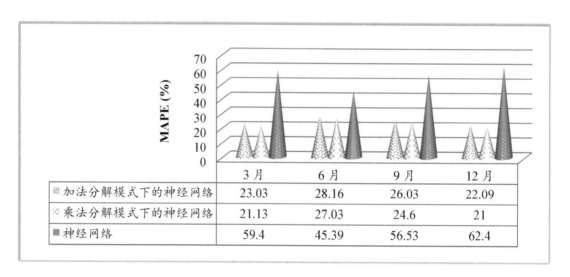

	3 月	6 月	9 月	12 月
※ 加法分解模式下的神经网络	23.03	28.16	26.03	22.09
⊡ 乘法分解模式下的神经网络	21.13	27.03	24.6	21
■ 神经网络	59.4	45.39	56.53	62.4

图 5.6　不同模型的 MAPE 对比结果

5.5　阅读材料

现有的风速预测模型大致可分为 4 类: 基于数值天气预报的模型 (McQueen & Watson, 2006; Prieto-Herráez et al., 2021; Zhao et al., 2021)、基于统计的模型 (Sloughter et al., 2010; Ambach & Schmid, 2017; Duca et al., 2021)、基于人工神经网络 (ANN) 的模型和混合模型 (Shukur & Lee, 2015; Wang et al., 2016; Huang et al., 2021; Jiang et al., 2021). 在这些模型中, 基于 ANN 的模型是被用于不同国家和地区风速预测方面较为流行的预测技术. 例如: Cadenas 和 Rivera (Cadenas & Rivera, 2009) 使用 ANN 模型来预测墨西哥 La Venta 的风速; Li 和 Shi (Li & Shi, 2010) 比较了 3 种 ANN 模型针对 North Dakota 两个站点风速预测的性能; Azad 等人 (Azad et al., 2014) 应用 ANN 模型对位于马来西亚两个站点的风速进行了预测; Noorollahi 等人 (Noorollahi et al., 2016) 使用 ANN 模型来预测伊朗的风速.

此外, 近些年来, 一些数据预处理技术也被应用, 并与神经网络相结合, 生成了一系列混合模型, 以便获得更高的风速预测精度. 例如: Cadenas 和 Rivera (Cadenas &

Rivera, 2010) 首先使用 ARIMA 模型来预测风速, 然后使用 ARIMA 模型得到的误差来建立 ANN 模型, 以提高被 ARIMA 模型所忽略的非线性趋势的预测精度; Guo 等人 (Guo et al., 2011) 提出了一种基于 BP 神经网络和季节指数调整模型的混合风速预测方法, 以单独考虑实际风速数据中的季节效应; Zhang 等人 (Zhang et al., 2013) 在使用径向基函数 (RBF) 网络预测风速之前, 首先应用小波变换技术和季节性调整方法对风速数据进行分解并剔除了相关的季节性成分.

经验模式分解 (EMD) 及其改进版本也常被应用于风速数据的预处理. Wang 等人 (Wang et al., 2014) 采用 EMD 技术对原始风速数据进行分解, 并采用 Elman 网络来建立风速预测模型; 为了解决模式混合问题, Yang 和 Wang (Yang & Wang, 2018a) 采用了一种集合经验模式分解来提高基于五种神经网络模型的风速预测精度; Liu 等人 (Liu et al., 2015) 使用快速 EEMD 将小波包分解产生的风速分量分解并细化为几个固有模态函数, 之后再采用 Elman 神经网络来预测风速; Yang 和 Wang (Yang & Wang, 2018b) 提出了基于改进的 BP 神经网络的互补性 EEMD (CEEMD) 的影响; Zhang 等人 (Zhang et al., 2017) 通过减少 5 个 ANN (即 BP、RBF、Elman、一般回归和小波 NN) 的风速预测误差, 评估了带有自适应噪声的完全 EEMD (CEEMDAN) 的性能; Liu 等人 (Liu et al., 2020) 考虑了一种改进的 CEEMDAN 预处理策略, 在采用 BP、Elman 和一般回归神经网络进行风速预测之前, 消除风速数据中的噪声波动; Ren 等人 (Ren et al., 2015) 将一个 ANN 与 EMD、EEMD、CEEMD 和 CEEMDAN 算法分别混合, 以评估 EMD 及其改进版本的性能; Zhang 等人 (Zhang et al., 2021) 利用多变量 EMD 对多变量去噪序列进行分解, 并通过不同神经网络构建的混合深度学习算法提高风速预报的精度.

关于未考虑季节项对预测精度影响的神经网络混合预测模型可以参阅 Monfared 等人 (Monfared et al., 2009) 提出的将神经网络模型与模糊逻辑模型结合的风模型; Li 等人 (Li et al., 2011) 将神经网络模型与贝叶斯模型结合的模型; Cadenas 和 Rivera (Cadenas & Rivera, 2010) 将神经网络与累积式自回归滑动平均模型结合的模型以及 Sancho 等人 (Sancho et al., 2009) 提出的神经网络与中尺度结合的风速预测模型等.

参考文献

[1] Ambach D, Schmid W. A new high-dimensional time series approach for wind speed, wind direction and air pressure forecasting [J]. Energy, 2017, 135: 833-850.

[2] Azad H B, Mekhilef S, Ganapathy V G. Long-term wind speed forecasting and general pattern recognition using neural networks [J]. IEEE Transactions on Sustainable Energy, 2014, 5 (2): 546-553.

[3] Cadenas E, Rivera W. Short term wind speed forecasting in La Venta, Oaxaca, Mexico, using artificial neural networks [J]. Renewable Energy, 2009, 34: 274-278.

[4] Cadenas, E, Rivera W. Wind speed forecasting in three different regions of Mexico, using a hybrid ARIMA-ANN model [J]. Renewable Energy, 2010, 35 (12): 2732-2738.

[5] Duca, V E L A, Fonseca T C O, Oliveira F L C. A generalized dynamical model for wind speed forecasting [J]. Renewable & Sustainable Energy Reviews, 2021, 136: 110421.

[6] Guo Z H, Wu J, Lu H, Wang J. A case study on a hybrid wind speed forecasting method using BP neural network [J]. Knowledge-Based Systems, 2011, 24 (7): 1048-1056.

[7] Hecht-Nelson R. Kolmogorov's mapping neural network existence theorem [C]. Proceedings of the IEEE International Conference on Neural Networks III, 1987, 11-13.

[8] Huang X J, Wang J Z, Huang B Q. Two novel hybrid linear and nonlinear models for wind speed forecasting [J]. Energy Conversion & Management, 2021, 238 (2010): 114162.

[9] Jiang P, Liu Z K, Niu X S, Zhang L F. A combined forecasting system based on statistical method, artificial neural networks, and deep learning methods for short-term wind speed forecasting [J]. Energy, 2021, 217: 119361.

[10] Li G, Shi J. On comparing three artificial neural networks for wind speed fore-

casting [J]. Applied Energy, 2010, 87 (7): 2313-2320.

[11] Li G, Shi J, Zhou J Y. Bayesian adaptive combination of short-term wind speed forecasts from neural network models [J]. Renewable Energy, 2011, 36 (1): 352-359.

[12] Liu H, Tian H Q, Liang X F, et al. Wind speed forecasting approach using secondary decomposition algorithm and Elman neural networks [J]. Applied Energy, 2015, 157: 183-194.

[13] Liu Z K, Jiang P, Zhang L F, et al. A combined forecasting model for time series: application to short-term wind speed forecasting [J]. Applied Energy, 2020, 259: 114137.

[14] McQueen D, Watson S. Validation of wind speed prediction methods at offshore sites [J]. Wind Energy, 2006, 9: 75-85.

[15] Monfared M, Rastegar H, Kojabadi H M. A new strategy for wind speed forecasting using artificial intelligent methods [J]. Renewable Energy, 2009, 34 (3): 845-848.

[16] Noorollahi Y, Jokar M A, Kalhor A. Using artificial neural networks for temporal and spatial wind speed forecasting in Iran [J]. Energy Conversion & Management, 2016, 115: 17-25.

[17] Prieto-Herráez D, Frías-Paredes L, Cascón J M, et al. Local wind speed forecasting based on WRF-HDWind coupling [J]. Atmospheric Research, 2021, 248: 105219.

[18] Ren Y, Suganthan P N, Srikanth N. A comparative study of empirical mode decomposition-based short-term wind speed forecasting methods [J]. IEEE Transactions on Sustainable Energy, 2015, 6 (1): 236-244.

[19] Salcedo-Sanz S, Pérez-Bellido A M, Ortiz-García E G, et al. Hybridizing the fifth generation mesoscale model with artificial neural networks for short term wind speed prediction [J]. Renewable Energy, 2009, 34 (6): 1451-1457.

[20] Shukur O B, Lee M H. Daily wind speed forecasting through hybrid KF-ANN

model based on ARIMA [J]. Renewable Energy, 2015, 76: 637-647.

[21] Sloughter J M, Gneiting T, Raftery A E. Probabilistic wind speed forecasting using ensembles and Bayesian model averaging [J]. Journal of the American Statistical Association, 2010, 105: 25-35.

[22] Wang J J, Zhang W Y, Li Y N, et al. Forecasting wind speed using empirical mode decomposition and Elman neural network [J]. Applied Soft Computing, 2014, 23: 452-459.

[23] Wang S X, Zhang N, Wu L, et al. Wind speed forecasting based on the hybrid ensemble empirical mode decomposition and GA-BP neural network method [J]. Renewable Energy, 2016, 94: 629-636.

[24] Yang Z S, Wang J. A combination forecasting approach applied in multistep wind speed forecasting based on a data processing strategy and an optimized artificial intelligence algorithm [J]. Applied Energy, 2018a, 230: 1108-1125.

[25] Yang Z S, Wang J. A hybrid forecasting approach applied in wind speed forecasting based on a data processing strategy and an optimized artificial intelligence algorithm [J]. Energy, 2018b, 160: 87-100.

[26] Zhang S, Chen Y, Xiao J H, et al. Hybrid wind speed forecasting model based on multivariate data secondary decomposition approach and deep learning algorithm with attention mechanism [J]. Renewable Energy, 2021, 174: 688-704.

[27] Zhang W Y, Qu Z X, Zhang K Q, et al. A combined model based on CEEMDAN and modified flower pollination algorithm for wind speed forecasting [J]. Energy Conversion & Management, 2017, 136: 439-451.

[28] Zhang W Y, Wang J J, Wang J Z, et al. Short-term wind speed forecasting based on a hybrid model [J]. Applied Soft Computing, 2013, 13 (7): 3225-3233.

[29] Zhao J, Guo Z, Guo Y, et al. A self-organizing forecast of day-ahead wind speed: selective ensemble strategy based on numerical weather predictions [J]. Energy, 2021, 218: 119509.

第 6 章　GRU 神经网络预测优化模型及其应用

近年来, 基于深度学习的神经网络, 如 LSTM 网络和门控递归单元 (GRU) 网络, 在预测方面取得了较好的效果. 神经网络的输入及相关超参数的设置对网络的预测性能影响很大, 因此, 本章以 GRU 网络为例, 通过优化网络的输入及相关超参数, 介绍基于相关分析和假设检验的 GRU 神经网络预测优化模型及其实例应用.

6.1　相关分析

本节先来简要介绍一些相关分析方法以及对应相关系数的计算.

6.1.1　Pearson 相关系数

Pearson 相关系数一般用于衡量两个尺度变量之间的线性相关关系.

定义 6.1　两个变量 X 和 Y 之间的 Pearson 相关系数定义为:

$$\text{RPE}_{X,Y} = \frac{\text{Cov}(X,Y)}{\sqrt{\text{Var}(X)\text{Var}(Y)}},$$

其中, $\text{Cov}(X,Y)$ 表示 X 和 Y 之间的协方差, $\text{Var}(X)$ 和 $\text{Var}(Y)$ 分别代表 X 和 Y 的方差.

一般而言, 群体的某些属性或特征或者未知, 或者群体的分布中包含一些未知的参数. 因此, 直接计算总体间的相关系数难度较大, 更多的是使用样本相关系数.

定义 6.2　用 n 表示样本量, x_i 和 y_i 分别表示两个变量 X 和 Y 的第 i $(i=1,2,\cdots,n)$ 组抽样值, 则这两个变量之间的 Pearson 样本相关系数定义为:

$$\widehat{\text{RPE}}_{X,Y} = \frac{n\sum\limits_{i=1}^{n} x_i y_i - \sum\limits_{i=1}^{n} x_i \sum\limits_{i=1}^{n} y_i}{\sqrt{\left[n\sum\limits_{i=1}^{n} x_i^2 - \left(\sum\limits_{i=1}^{n} x_i\right)^2\right]\left[n\sum\limits_{i=1}^{n} y_i^2 - \left(\sum\limits_{i=1}^{n} y_i\right)^2\right]}}.$$

6.1.2　偏相关系数

偏相关分析可反映在控制其他变量影响的情况下, 两个变量之间的纯线性相关关系, 对应的相关系数称为偏相关系数. 偏相关系数的阶数由受控变量的数量所决定,具体地, 当受控变量的个数为 m 时, 对应的偏相关系数称为 m 阶偏相关系数.

定义 6.3 设 s 个变量 $X_1, X_2, \cdots, X_s$ 对应的相关系数矩阵为:

$$R = \begin{pmatrix} \mathrm{RPE}_{X_1, X_1} & \mathrm{RPE}_{X_1, X_2} & \cdots & \mathrm{RPE}_{X_1, X_s} \\ \mathrm{RPE}_{X_2, X_1} & \mathrm{RPE}_{X_2, X_2} & \cdots & \mathrm{RPE}_{X_2, X_s} \\ \vdots & \vdots & \ddots & \vdots \\ \mathrm{RPE}_{X_s, X_1} & \mathrm{RPE}_{X_s, X_2} & \cdots & \mathrm{RPE}_{X_s, X_s} \end{pmatrix},$$

则在控制其他变量 $X_1, X_2, \cdots, X_{i-1}, X_{i+1}, \cdots, X_{j-1}, X_{j+1}, \cdots, X_s$ 的情况下, 两个变量 X_i 和 X_j $(i = 1, 2, \cdots, s;\ j = 1, 2, \cdots, s)$ 间的 $s-2$ 阶偏相关系数定义为:

$$\widehat{\mathrm{RPA}}_{i,j} = -\frac{M_{ij}}{\sqrt{M_{ii}M_{jj}}},$$

其中, M_{ij}, M_{ii} 和 M_{jj} 分别代表行列式 $|R|$ 中元素 RPE_{X_i, X_j}, RPE_{X_i, X_i} 和 RPE_{X_j, X_j} 的代数余子式.

6.1.3　自相关分析

自相关分析常被用于描述一个变量在不同时期的相关程度或衡量历史数据对当前数据的影响.

定义 6.4 给定时间序列 $\{x_t;\ t = 1, 2, \cdots, N\}$, x_t 和 x_{t-l} 间间隔为 l 的自相关系数定义为:

$$\rho_l = \frac{\mathrm{Cov}(x_t, x_{t-l})}{\sqrt{\mathrm{Var}(x_t)\mathrm{Var}(x_{t-l})}},\ l = 1, 2, \cdots,$$

其中, $\mathrm{Cov}(x_t, x_{t-l})$ 表示 x_t 和 x_{t-l} 间的协方差, $\mathrm{Var}(x_t)$ 和 $\mathrm{Var}(x_{t-l})$ 分别代表 x_t 和 x_{t-l} 的方差.

自相关系数形成的序列 $\{\rho_l\}$ 称为自相关函数, 一般简记为 ACF. 当总体的某些属性未知或总体的分布包含一些未知参数时, 总体的方差和协方差通常难以得到. 这时, 常使用样本自相关系数.

定义 6.5 给定一组样本 $x_1, x_2, \cdots, x_n$, 则 x_t 和 x_{t-l} 间的样本自相关系数定义为:

$$\rho_l = \frac{\sum\limits_{t=l+1}^{n} (x_t - \bar{x})(x_{t-l} - \bar{x})}{\sum\limits_{t=1}^{n} (x_t - \bar{x})^2},\ l = 0, 1, \cdots, n-1,$$

其中, $\bar{x} = \sum\limits_{i=1}^{n} x_i / n$.

6.1.4　偏自相关分析

对于时间序列 $\{x_t;\ t=1,2,\cdots,N\}$, x_t 和 x_{t-l} 间的偏自相关系数是指两者之间的偏相关系数, 也就是说去除 $x_{t-1},x_{t-2},\cdots,x_{t-l-1}$ 的间接影响后两者之间的纯相关系数. 由偏自相关系数形成的序列称为偏自相关函数 (简记为 PACF), 可用它来衡量每个滞后项对当前数据的影响.

6.1.5　最大信息系数

最大信息系数(Maximum Information Coefficient, MIC)理论及求解方法由 Reshef 等人 (Reshef et al., 2011) 于 2011 年提出. 它不仅可以衡量大规模数据集中变量之间的线性和非线性函数关系, 而且对检测变量之间的非函数性关联也相当有效. 最大信息系数主要通过互信息和网格划分来计算得到.

定义　6.6　两个连续型变量 X 和 Y 间的互信息定义为:

$$I(X,Y)=\iint p(x,y)\log\frac{p(x,y)}{p(x)p(y)}\mathrm{d}y\mathrm{d}x,\tag{6.1}$$

其中, $p(x,y)$ 代表变量 X 和 Y 的联合概率密度, $p(x)$ 和 $p(y)$ 分别代表变量 X 和 Y 的边际概率密度.

由于概率密度通常难以计算, 常见的解决方案是使用直方图来估计, 这就需要将两个变量的观测值划分到若干网格中. 假设有变量 X 和 Y 的 n 对观测值 $D=\{(x_i,y_i)\}_{i=1}^{n}$, 通过 $\alpha_0,\alpha_1,\cdots,\alpha_a$ 将变量 X 的观测值划分为 a 段, 同理利用 $\beta_0,\beta_1,\cdots,\beta_b$ 将变量 Y 的观测值划分为 b 段, 则基于形成的 $a\times b$ 网格 G, 由式 (6.1) 定义的互信息可通过下式进行近似估计:

$$
\begin{aligned}
I(X,Y) &\approx I(D|G)\\
&=\sum_{i=1}^{a}\sum_{j=1}^{b}P\left(\alpha_{i-1}\leqslant x\leqslant\alpha_i,\beta_{j-1}\leqslant y\leqslant\beta_j\right)\log\frac{P\left(\alpha_{i-1}\leqslant x\leqslant\alpha_i,\beta_{j-1}\leqslant y\leqslant\beta_j\right)}{P\left(\alpha_{i-1}\leqslant x\leqslant\alpha_i\right)P\left(\beta_{j-1}\leqslant y\leqslant\beta_j\right)},
\end{aligned}
$$

数据容量越大, 近似程度越高.

定义　6.7　给定两个变量 X 和 Y 的 n 对观测值 $D=\{(x_i,y_i)\}_{i=1}^{n}$, 基于观测值 D 的两个变量 X 和 Y 的最大信息系数 MIC 定义为:

$$\mathrm{MIC}\left(X,Y|D\right)=\max_{ab<B(n)}\frac{\max\limits_{G\in\Omega(a,b)}I\left(D|G\right)}{\log\min\left\{a,b\right\}},$$

其中, a 和 b 均为整数, 分别代表对变量 X 和 Y 观测值的分割数; $\Omega(a,b)$ 代表由所有大小为 $a \times b$ 的二维网格组成的集合; $B(n)$ 为预先设定的与 n 有关的最大网格数; $I(D|G)$ 表示基于观测值 D 和网格 G 的变量间的互信息.

6.2 假设检验

本节介绍几种本章将使用到的假设检验方法.

6.2.1 t 检验

基于 "两个样本来自的总体是不相关的" 这一零假设, 利用 Pearson 相关系数构造的 t 检验通过计算检验统计量和相应的概率 p 值, 并将其与给定的显著性水平 α 进行比较, 并依据以下规则判断得出接受或拒绝零假设的结论: 如果采用双尾显著性检验, 若 $p < \alpha/2$, 则拒绝零假设并认为两总体存在显著的相关关系; 反之, 则接受零假设并认为两总体不存在显著的相关关系. 如果采用单尾显著性检验, 只需将 $\alpha/2$ 替换为 α 进行判断即可.

定义 6.8 基于 Pearson 相关系数, 用于判断两个变量 X 和 Y 之间是否存在显著线性相关关系的 t 检验统计量定义为:

$$T = \frac{\mathrm{RPE}_{X,Y}\sqrt{n-2}}{\sqrt{1 - \mathrm{RPE}_{X,Y}^2}},$$

这里 T 服从自由度为 $n-2$ 的 t 分布.

此外, 基于偏相关系数的 t 检验也可用于判断两变量间的相关系数与 0 是否存在显著差异, 其零假设为两变量间的相关系数与 0 无显著差异. 通过计算检验统计量和相应的概率 p 值, 并将其与给定的显著性水平 α 相比较, 然后使用上述与基于 Pearson 相关分析相同的判断规则, 可确定最终应接受或拒绝原假设.

定义 6.9 基于偏相关系数, 用于判断两个变量 X 和 Y 间的 m 阶偏相关系数与 0 之间是否存在显著差异的 t 检验统计量定义为:

$$\tilde{T} = \mathrm{RPA}_{i,j}\sqrt{\frac{n-m-2}{1 - \mathrm{RPA}_{i,j}^2}},$$

这里 $\tilde{T}$ 服从自由度为 $n-m-2$ 的 t 分布.

6.2.2　Friedman 检验

Friedman 检验可用于检验 3 个或 3 个以上算法或模型的性能是否存在显著差异, 其零假设是 k ($k \geqslant 3$) 个算法或模型的性能无显著差异.

定义 6.10　假定在 N 个数据集上比较 k 个算法或模型, 则 Friedman 检验统计量定义如下:

$$S_{\chi^2} = \frac{12N}{k(k+1)} \sum_{i=1}^{k} \left(\bar{R}_i - \frac{k+1}{2} \right)^2,$$

其中, $\bar{R}_i$ 表示第 i 种算法或模型对应的平均秩.

一般而言, $\bar{R}_i$ 的值越小, 算法或模型的性能越好. 如果 Friedman 检验对应的概率 p 值小于预先给定的显著性水平 α, 则拒绝零假设, 即认为用于比较的这多个算法或模型的性能有显著差异. 此时, 可使用 Nemenyi 后续检验进一步来辨别任意两个算法或模型的性能是否存在显著差异.

6.2.3　Nemenyi 检验

Nemenyi 检验的零假设是: 两个算法或模型的性能之间没有显著差异.

定义 6.11　假定在 N 个数据集上比较 k 个算法或模型, Nemenyi 检验借助于如下平均序值差别的临界值域进行假设检验:

$$\mathrm{CVD}(k, N, \alpha) = tu_\alpha(k) \sqrt{\frac{k(k+1)}{6N}},$$

其中, $tu_\alpha(k)$ 是 Tukey 分布对应于 k 个算法或模型及显著性水平 α 的临界值.

表 6.1 给出了 $\alpha = 0.05$ 时常用的 $tu_\alpha(k)$ 值. 在 Nemenyi 检验中, 若两个算法或模型的平均秩之差大于临界值域 $\mathrm{CVD}(k, N, \alpha)$, 则以相应的置信度拒绝两个算法或模型性能没有显著差异这一零假设.

表 6.1　$\alpha = 0.05$ 时 **Nemenyi 检验中常用的** $tu_\alpha(k)$ **值**

α	算法或模型总数 k									
	2	3	4	5	6	7	8	9	10	11
0.05	1.960	2.344	2.569	2.728	2.850	2.949	3.031	3.102	3.164	3.219

6.3　GRU 神经网络

与简单的循环神经网络相比, GRU 网络可以有效地解决梯度消失的问题. GRU 网络与 LSTM 网络性能类似, 但参数较少, 从而可以很好地抑制过拟合. 图 6.1 给出了 GRU 单元结构图.

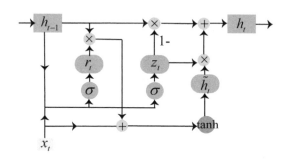

图 6.1　GRU 单元结构图

如图 6.1 所示, 在 GRU 单元中, 在当下时刻 t, 以当前数据 x_t 和隐藏状态 h_{t-1} 作为输入, 更新门 z_t 通过下式激活:

$$z_t = \sigma\left(W_z x_t + U_z h_{t-1} + b_z\right),$$

其中 $\sigma(\cdot)$ 代表 sigma 函数, 定义式为:

$$\sigma(x) = \frac{1}{1 + e^{-x}}.$$

另一个被称为复位门的量 r_t 的更新公式为:

$$r_t = \sigma\left(W_r x_t + U_r h_{t-1} + b_r\right).$$

然后借助于候选状态 $\tilde{h}_t$:

$$\tilde{h}_t = \tanh\left(W x_t + U\left(r_t \otimes h_{t-1}\right) + b\right),$$

隐藏状态 h_t 的最终输出由下式更新得到:

$$h_t = (1 - z_t) h_{t-1} + z_t \tilde{h}_t,$$

这里 $\otimes$ 代表元素相乘, $\tanh(\cdot)$ 代表双曲切线函数, 定义为:

$$\tanh = \frac{e^x - e^{-x}}{e^x + e^{-x}},$$

其中 W_z, W_r, W 和 b_z, b_r, b 分别代表相应的权重矩阵和偏置向量.

从图 6.1 以及上述单元的更新过程可以看出, 更新门在决定之前的信息将有多少被传递到当前状态方面起着至关重要的作用, 而复位门则用于调整新的输入和之前信息之间的组合.

6.4　GRU 神经网络预测优化模型

本章在选用 GRU 网络作为代表性网络的基础上, 介绍一种利用相关分析和假设检验理论优化 GRU 网络的预测优化模型. 优化模型的框架如图 6.2 所示, 具体可分为 4 个步骤:

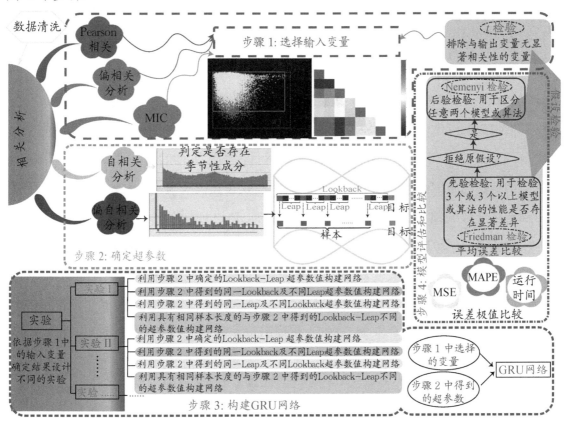

图 6.2　基于相关分析、假设检验和 GRU 网络的预测优化模型流程图

步骤 1: 选择输入变量. 在这一步中, 根据 Pearson 相关分析、偏相关分析、最大信息系数分析方法 (MIC) 及 t 检验结果, 选择与输出变量相关的输入变量. 3 种相

关分析方法中可通过比较相关系数的大小选择相关变量, 而 t 检验则可根据最终假设检验结果排除与输出变量不相关的变量. Pearson 相关系数和偏相关系数的取值落在区间 $[-1, 1]$ 内, 取值的绝对值越大, 对应的两变量之间的相关性越强. 通常, 绝对值大于 0.8 时, 可认为对应两变量的线性相关性很强; 最大信息系数 MIC 的取值介于 0 和 1 之间, MIC 值越大, 变量间的相关性越强. 因此, 可通过如下规则进行 GRU 网络的输入变量选择: 若 Pearson 相关分析法和偏相关分析法得到的结果有差异, 则以偏相关分析方法得到的结果为准; 若某个变量与输出变量间的偏相关系数的绝对值大于 0.8, 则这个变量将被选作输入变量; 在偏相关系数的绝对值小于 0.8 的情形下, MIC 将成为最重要的考虑指标. 此外, 考虑到当相关系数较小时, 仅通过比较相关系数的大小判断相关性强弱可能并不准确, 因此采用基于 t 检验的假设检验结果, 在不掺杂人工因素的情况下进一步排除与输出变量不相关的变量.

步骤 2: 确定超参数. 为了得到基于 GRU 网络的输出, 需提前确定相关数据的输入长度. 由于在生成输入和输出数据时, 导入网络的样本是高度冗余的, 因此可利用数据生成器产生即时的网络样本和目标. 这里使用的数据生成器需提前设定两个超参数: Lookback 和 Leap, 分别代表用于获得目标输出数据的历史数据长度以及应被丢弃的数据的等间隔时间长度. 这两个超参数将由 PACF 确定. 此外, 原始数据中是否存在可能影响预测性能的季节性成分将由 ACF 进行判断分析.

步骤 3: 构建 GRU 网络. 利用步骤 1 中得到的相关分析和假设检验结果, 设计不同的实验检验不同输入变量设置对预测精度的影响. 在每一实验中, 利用步骤 2 中得到的季节性成分的存在性判定结果和超参数确定结果, 基于 GRU 网络进行不同的数据类型 (除原始数据之外, 如果原始数据中存在季节性成分, 则还要考虑剔除季节性成分后的数据) 以及不同的 Lookback-Leap 超参数配对实验, 验证本章介绍的预测模型的有效性.

步骤 4: 模型评估和比较. 通过误差极值比较和平均误差比较, 从不同方面对模型进行评价. 首先, 误差极值比较通过 MAPE、MSE 和运行时间进行. 然后, 通过 Friedman 检验和 Nemenyi 检验进行平均误差的比较. Friedman 检验起着初步检验的作用, 利用它判断 3 个或更多的模型或算法之间是否存在明显的差异, 如果存在差异, 再利用后验 Nemenyi 检验对任意两个模型或算法是否存在差异进行进一步区分.

6.5　实例应用

接下来通过实例应用来分析本章介绍的 GRU 网络预测优化模型在风速预测方面的性能.

6.5.1　实例数据

随着"一带一路"倡议的提出, 如何积极推动风电、太阳能等清洁能源和可再生能源合作发展变得愈发重要. 准确的风速预测对于挖掘风能的潜力和提高其利用率至关重要. 本章首先采用"一带一路"沿线两城市福建省福州和海南省海口站点的日风速数据对 GRU 神经网络预测优化模型进行实例验证. 除了风速, 还考虑其他一些变量, 如温度、露点、海平面气压、能见度、最大持续风速、最高温度和最低温度, 分别将其简记为 TEMP、DEWP、SLP、VISIB、MXSPD、MAX 和 MIN. 此外, 为了方便使用, 将风速变量简记为 WDSP. 对于福州站点, 采集了 1973－2020 年的相关数据; 对于海口站点, 数据采集时限为 1973－2014 年.

6.5.2　数据清洗

缺失数据和异常数据极有可能对时间序列相关特征的提取和预测产生显著影响. 因此, 首先对缺失数据和异常数据进行预处理. 图 6.3 显示了两站点具体的缺失日期和有缺失数据的日期, 以及通过 SPSS 软件检测得到的存在异常数据的日期和对应的异常指数.

SPSS 软件中, 可通过"异常案例识别"操作初步识别异常案例. 该操作在提前设定的最小和最大聚类组数之间搜索最佳组数. 然后, 通过比较每个数据与同组数据标准值之间的偏差来识别异常案例 (对于连续变量, 使用每组的平均值作为该组的标准值; 对于分类变量, 采用每组的众数作为该组的标准值). 在本章中, 聚类组的最小组数和最大组数分别被设定为 1 和 15. 最终, 所有数据被聚类为 7 个组, 每组数据比例分别为 15.29%、12.45%、8.76%、12.43%、14.51%、18.63% 和 17.93%, 在此基础上确定了异常案例. 本章在确定了 GRU 网络的输入变量后, 采用线性插值法 (用缺失值之前的最后一个有效值和之后的第一个有效值做插值, 若序列中的第一个或最后一个观测值缺失, 则使用序列开始或结束时的两个最近邻的非缺失值来进行相应缺失值的填充) 填补异常和缺失数据.

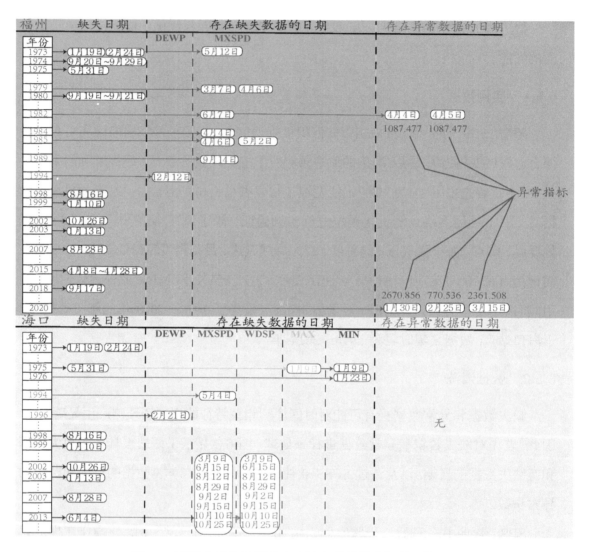

图 6.3 两站点缺失日期及存在缺失或异常数据的日期

6.5.3 输入变量的选择

为了对 Pearson 相关分析、偏相关分析以及最大信息系数分析法这 3 种相关分析方法在输入变量选择方面的性能作对比, 首先剔除 6.5.2 节中检测到的异常数据,

最终福州站点和海口站点用于相关分析的数据点数量分别为 17475 和 15319. 图 6.4
给出了两站点的 WDSP 变量与其他任一变量之间的散点图及基础统计数据.

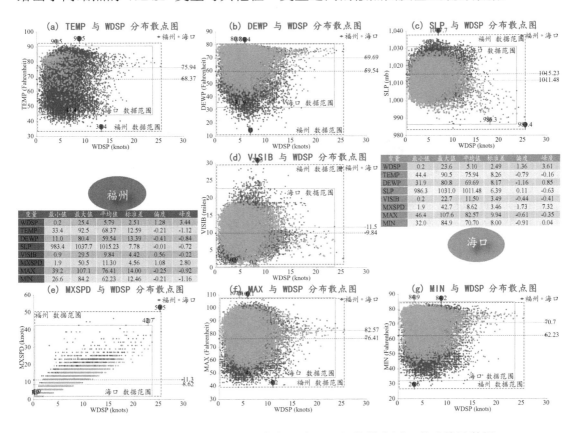

图 6.4　两站点 WDSP 变量与其他任一变量之间的散点图及基础统计数据

在图 6.4 的每个子图中, 还显示了竖轴对应变量的数据范围、平均值、最小值和
最大值. 由于图 6.4 中所有子图的横轴对应变量均为 WDSP, 因此仅在图 6.4 的基本
统计表中显示两站点的 WDSP 平均值 (福州站点和海口站点的 WDSP 平均值分别
为 5.79 和 5.1). 从图 6.4 可以看出, 福州站点散点图的分布范围比海口站点更广, 标
准差也比海口站点的更大, 这表明福州站点的变量比海口站点的相应变量呈现更大的
离散性.

Pearson 相关分析、偏相关分析以及最大信息系数分析法得到的相关分析结果如
图 6.5 所示. 由于 3 种分析方法得到的相关系数都是对称的, 即两个变量 X 和 Y 之
间的相关系数等于 Y 和 X 之间的相关系数. 因此, 在图 6.5 的每个子图中, 仅保留

相关系数热力图的左下部分.

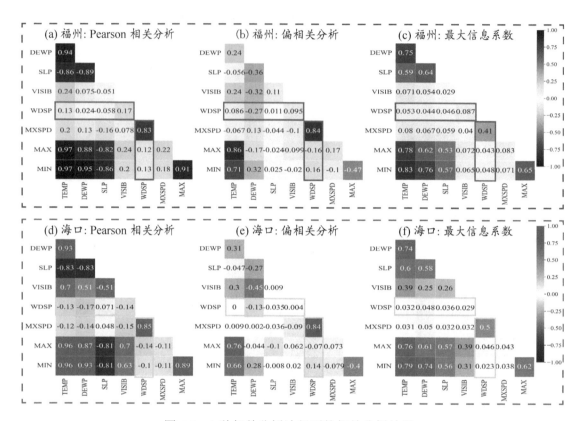

图 6.5　3 种相关分析法得到的相关分析结果

图 6.5 的每个子图中均用矩形框标出了 WDSP 变量与其他变量之间的相关系数, 这些系数对于选择输入变量至关重要. 例如, 图 6.5 (a) 表明, 对于福州站点, WDSP 与其他 7 个变量 TEMP、DEWP、SLP、VISIB、MXSPD、MAX 和 MIN 之间的 Pearson 相关系数值分别为 0.13、0.024、−0.058、0.17、0.83、0.12 和 0.13. 图 6.5 表明, 若以 Pearson 相关分析结果作为基准, 与 MIC 相比, 通过偏相关分析得到的相关系数值更接近于基准的相关系数值. 对于福州站点和海口站点, 通过 Pearson 相关分析和偏相关分析得到的变量 WDSP 和 MXSPD 之间的相关系数值很接近, 而利用 MIC 方法得到的对应相关系数值分别为 0.41 和 0.5, 与前两种相关分析方法的结果存在较大差异. 但是, 无论选择哪种相关分析方法, 对于两站点而言, 变量 MXSPD 与 WDSP 间的相关程度最高. 除变量 MXSPD 外, Pearson 相关分析结果表明, 对于福

州站点, 剩余变量中 VISIB 与 WDSP 的相关程度最高, 这与 MIC 得到的结果一致, 但若采用偏相关分析法, 剩余变量中与 WDSP 的相关程度最高的为变量 DEWP; 对于海口站点, 在除 MXSPD 之外的变量中, 与 WDSP 相关程度最高的变量是 Pearson 相关分析和 MIC 得到的 DEWP 变量, 若采用偏相关分析, 则变为变量 MIN.

由于通过相关分析法得到的结果仅为通过比较相关系数的大小得出, 接下来, 使用 t 检验在不掺杂人为因素的情况下进一步确定输入变量. 此处采用显著性水平为 0.05 的双尾检验. 表 6.2 列出了 t 检验中应接受零假设 (表明风速变量与其相应变量之间的相关系数与 0 无显著差异) 的检验结果.

表 6.2　t 检验中结论为应接受零假设的检验结果

站点	控制变量	分析变量	p 值
福州	TEMP, DEWP, VISIB, MXSPD, MAX, MIN	WDSP, SLP	0.160
海口	DEWP, SLP, VISIB, MXSPD, MAX, MIN	WDSP, TEMP	0.972
	TEMP, DEWP, SLP, MXSPD, MAX, MIN	WDSP, VISIB	0.616

从表 6.2 可看出, 对于福州站点而言, 变量 SLP 与 WDSP 几乎没有相关性; 对于海口站点而言, 变量 TEMP 和 VISIB 与 WDSP 的相关性不显著.

6.5.4　超参数的确定

Lookback 和 Leap 超参数是通过偏自相关分析确定的, 而自相关分析可以用来判断序列是否存在季节性成分. 图 6.6 展示了两站点原始的和剔除季节性成分后 WDSP 序列的 ACF 和 PACF 图, 其中子图 (d1)、(d2)、(h1)、(h2) 中对应的最大滞后阶数为 50, 其他 ACF 和 PACF 图最大滞后阶数为 740, 即包含的数据比两年稍多, 以辨别季节性是否存在.

从图 6.6 的 (b1) 和 (b2) 可以看出, 原始 WDSP 序列对应的 ACF 图呈现出以年为周期性的波动, 这表明两站点的 WDSP 数据都包含以年为周期的季节性成分. 当消除原始 WDSP 变量中的季节性成分后, 如图 6.6 中 (f1) 和 (f2) 所示, 季节性趋势明显减弱 (季节性成分是通过 SPSS 软件提供的季节乘法分解方法消除的). 图 6.6 中的 (d1) 和 (d2) 可用于确定超参数 Lookback 和 Leap 的值. 值得一提的是, 本章考虑了季节性成分是否对风速预测模型的性能产生影响, 因此, 将剔除季节性成分后的数据和原始数据的 Lookback 和 Leap 值设置为相同, 以便于比较. 图 6.6 中的 (d1) 表明, 对于福州站点的 WDSP 数据, PACF 值明显大于置信上限 (对应于横轴上方的虚线) 或小于置信度下限 (对应于横轴下方的实线) 的最后一个滞后期为 35, 意味着福州站点的 Lookback 值可以设置为 35. 此外, 在前 35 阶滞后中, 有连续的滞后期对应的 PACF 值明显位于置信度下限和上限形成的区间之外, 因此, 将 Leap 值设置为 0. 同理, 根据图 6.6 的 (d2), 海口站点 WDSP 数据的 Lookback 值可设置为 48, Leap 值可设置为 0.

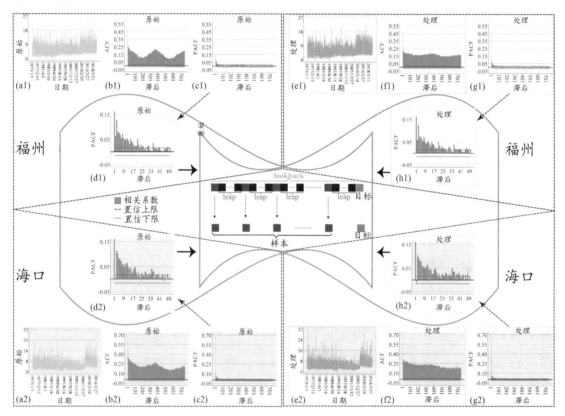

图 6.6   两站点原始的和剔除季节性成分后 WDSP 序列的 ACF 和 PACF

(a1): 福州站点的原始 WDSP 序列, (b1): 福州站点原始 WDSP 对应的最大滞后为 740 的 ACF, (c1): 福州站点原始 WDSP 对应的最大滞后为 740 的 PACF, (d1): 福州站点原始 WDSP 对应的最大滞后为 50 的 PACF, (e1): 福州站点剔除季节性成分后的 WDSP 序列, (f1): 福州站点剔除季节性成分后 WDSP 对应的最大滞后为 740 的 ACF, (g1): 福州站点剔除季节性成分后 WDSP 对应的最大滞后为 740 的 PACF, (h1): 福州站点剔除季节性成分后 WDSP 对应的最大滞后为 50 的 PACF; (a2): 海口站点的原始 WDSP 序列, (b2): 海口站点原始 WDSP 对应的最大滞后为 740 的 ACF, (c2): 海口站点原始 WDSP 对应的最大滞后为 740 的 PACF, (d2): 海口站点原始 WDSP

对应的最大滞后为 50 的 PACF, (e2): 海口站点剔除季节性成分后的 WDSP 序列, (f2): 海口站点剔除季节性成

分后 WDSP 对应的最大滞后为 740 的 ACF, (g2): 海口站点剔除季节性成分后 WDSP 对应的最大滞后为 740 的

PACF, (h2): 海口站点剔除季节性成分后 WDSP 对应的最大滞后为 50 的 PACF

6.5.5　实验设计

在本节中, 通过设计不同的实验, 来检测相关分析技术和假设检验在输入变量选择和超参数确定方面的性能.

首先, 训练、验证和测试数据的占比被设定为 70%、20% 和 10%. 对于福州站点, 在超参数的设置方面, 为了与根据 PACF 得到的将 Lookback 值设为 35、Leap 值设为 0 的实验性能进行对比, 还测试了以下 4 种超参数设置方式下对应的实验性能:

(1) 保持 Lookback 超参数设置值不变, 即 35, 而将 Leap 值设为其他值, 分别将其设置为 4 和 6;

(2) 保持 Leap 值为 0 不变, 将 Lookback 值分别设为较小值 (24 和 32) 与较大值 (48、60 和 365);

(3) 将 Lookback 和 Leap 值都设置为与根据 PACF 得到的结果不同的值, 但保持输入数据的长度与根据预定超参数得到的一致, 最终将 Lookback 值设为 70, 将 Leap 值设为 1;

(4) 将 Lookback 和 Leap 的值分别设置为 365 和 4, 以测试 Leap 参数的重要性.

在下文中, 用简写形式, 如 Lookback 值为 35, Leap 值为 0, 则用标记 "35-0" 来表示此 Lookback 和 Leap 的配对设置. 如此, 福州站点共有 10 种不同的超参数设置方式. 同理, 对于海口站点, 除了根据 PACF 得到的将 Lookback 设置为 48 且将 Leap 值设置为 0 这种参数设置方式以外, 还测试以下 Lookback-Leap 配对值的性能: 48-1, 48-2, 48-3, 32-0, 45-0, 60-0, 70-0, 365-0, 96-1, 365-4. 因此, 海口站点共有 11 种不同的超参数设置方式.

此外, 还测试季节性成分对 WDSP 预测结果的影响. 为了便于区分, 用带有 "原始" 字样的标记表示根据原始数据获得的结果, 用带有 "处理" 字样的标记表示剔除季节性成分后获得的结果. 基于这些设置, 设计以下 4 种不同的实验以考察输入变量设置对 WDSP 预测精度的影响:

实验 I: 由于 3 种相关分析结果表明, 对于两站点而言, WDSP 变量与 MXSPD 变量的相关程度最高, 因此用 WDSP 和 MXSPD 作为输入变量来预测风速;

实验 II: 用 WDSP 变量以及与之相关性最大的两个变量来预测风速, 即对于福州站点, 采用 3 个变量 WDSP、MXSPD和 VISIB, 对于海口站点, 采用 3 个变量 WDSP、MXSPD 和 DEWP 作为输入变量;

实验 III: 将所有变量均作为输入变量对风速进行预测;

实验 IV: 根据 t 检验结果, 剔除与 WDSP 变量无显著相关性的变量, 用剩余的变量预测风速, 即对于福州站点, 剔除变量 SLP, 对于海口站点, 剔除变量 TEMP 和 VISIB.

本章着重关注输入变量和超参数设置对 GRU 网络的影响, 因此, 采用简单的仅包含一个含有 48 个节点的隐藏层的 GRU 网络, 且将批处理量设为 128. 为了保持一致性, 在每个实验中, 网络均被训练 30 个 epochs. 最终, 在实验 I 中, 两个站点均有 7537 个可训练参数; 在实验 II 中, 可训练参数个数为 7681; 在实验 III 中, 该值增加到了 8401; 在实验 IV 中, 福州站点的可训练参数个数 8257, 海口站点为 8113. 此外, 通过浮点运算 (FLOPs) 的数量来衡量 4 个实验中 GRU 网络的计算成本. 若不考虑批处理量, 在实验 I、II、III 中, 两个站的 FLOPs 数分别为 7824、7968 和 8688, 在实验 IV 中, 福州站点的 FLOPs 数为 8544, 海口站点的为 8400. 在每个实验中, 将 MAPE 值作为损失来训练 GRU 网络, 并对相应的 MSE 值进行监测.

6.5.6 数据生成器结果分析和比较

由于导入网络的样本是高度冗余的, 首先使用能够生成网络即时样本和目标的生成器进行实验. 模拟结果表明, 采用数据生成器时, 不同 Lookback 值下预测步长不同. 对 Lookback 值相同但 Leap 值不同的预测结果对比发现, 将 Leap 值设为根据 PACF 得到的值时, 风速的预测结果与实际风速数据的变化趋势最接近. 此外, 在某些实验中, 根据原始数据和处理数据得到的预测结果之间存在较明显的差异. 表 6.3－表 6.6 列出了实验 I、II、III 和 IV 的运行时间、验证误差最小的 epoch、测试 MAPE 和 MSE. 此外, 在表 6.4－表 6.6 中, 用粗体标注出了小于表 6.3 中的相应误差值.

表 6.3　实验 I 中福州和海口站点的风速预测精度

超参数	福州原始数据集				福州处理数据集			
	每个 epoch 的平均耗时	验证误差最小的 epoch	MAPE	MSE	每个 epoch 的平均耗时	验证误差最小的 epoch	MAPE	MSE
35-0	8s 16ms	7/30	26.7460	7.4963	8s 15ms	3/30	27.6401	8.9225
35-4	2s 4ms	10/30	29.9241	10.0081	2s 4ms	29/30	32.0218	12.5874
35-6	2s 4ms	10/30	30.0934	10.5757	2s 4ms	14/30	30.2867	11.0856
365-0	142s 284ms	11/30	27.4837	7.9702	142s 284ms	2/30	27.0802	7.9150
365-4	18s 36ms	2/30	29.0924	8.3406	26s 51ms	6/30	32.4504	12.4117
70-1	9s 17ms	7/30	29.7424	8.8493	10s 20ms	3/30	30.4786	11.5996
24-0	6s 11ms	7/30	26.9433	7.4820	6s 12ms	3/30	27.3443	8.5536
32-0	8s 16ms	6/30	26.9490	7.8394	10s 19ms	7/30	27.6127	8.7994
48-0	13s 26ms	11/30	27.0274	7.7154	14s 27ms	6/30	27.4533	8.7694
60-0	15s 30ms	15/30	27.7756	9.0372	19s 37ms	3/30	27.6360	8.9832

超参数	海口原始数据集				海口处理数据集			
	每个 epoch 的平均耗时	验证误差最小的 epoch	MAPE	MSE	每个 epoch 的平均耗时	验证误差最小的 epoch	MAPE	MSE
48-0	11s 23ms	6/30	20.7811	4.8821	12s 24ms	6/30	23.0408	5.9340
48-1	6s 13ms	6/30	23.8757	6.8535	6s 13ms	13/30	26.9046	8.4223
48-2	4s 9ms	13/30	25.2953	7.4133	4s 8ms	6/30	27.3256	8.6162
48-3	3s 7ms	6/30	25.9440	7.8900	3s 7ms	11/30	29.2544	9.5467
365-0	137s 275ms	3/30	20.4215	4.5458	144s 288ms	3/30	21.9358	5.1505
365-4	20s 40ms	3/30	26.9099	8.0464	27s 54ms	5/30	29.0956	9.0580
96-1	17s 34ms	6/30	23.4316	6.6329	14s 28ms	29/30	28.1663	8.1473
32-0	10s 20ms	6/30	21.4668	5.2393	9s 19ms	9/30	22.4567	5.6032
45-0	13s 26ms	6/30	20.2833	4.6372	15s 30ms	9/30	22.3172	5.5655
60-0	18s 37ms	12/30	22.6291	5.8696	19s 38ms	4/30	23.8893	6.1048
70-0	25s 51ms	2/30	20.7969	4.9002	25s 50ms	4/30	23.3741	5.9399

表 6.4　实验 II 中福州和海口站点的风速预测精度

超参数	福州原始数据集				福州处理数据集			
	每个 epoch 的平均耗时	验证误差最小的 epoch	MAPE	MSE	每个 epoch 的平均耗时	验证误差最小的 epoch	MAPE	MSE
35-0	8s 17ms	6/30	28.4514	9.9943	8s 17ms	14/30	28.7067	9.3871
35-4	2s 5ms	11/30	30.5475	10.1074	2s 5ms	7/30	**31.4669**	**12.1948**
35-6	2s 4ms	14/30	30.8345	11.6337	2s 4ms	14/30	30.3982	**10.9011**
365-0	134s 268ms	2/30	**26.9922**	**7.8164**	140s 280ms	2/30	27.4970	8.4023
365-4	22s 44ms	2/30	29.5727	9.7506	26s 51ms	2/30	30.6446	**11.2350**
70-1	10s 19ms	10/30	32.2845	12.9437	10s 20ms	3/30	**29.6741**	**10.6890**
24-0	6s 13ms	11/30	30.3720	11.4215	6s 13ms	3/30	27.5471	8.8582
32-0	10s 21ms	3/30	30.9313	11.9235	9s 18ms	3/30	27.8650	9.2842
48-0	14s 29ms	6/30	30.2195	11.4780	16s 31ms	3/30	27.9851	9.4237
60-0	17s 34ms	14/30	27.9201	**8.6511**	19s 39ms	3/30	29.0692	10.5953

超参数	海口原始数据集				海口处理数据集			
	每个 epoch 的平均耗时	验证误差最小的 epoch	MAPE	MSE	每个 epoch 的平均耗时	验证误差最小的 epoch	MAPE	MSE
48-0	15s 30ms	13/30	**20.5229**	**4.6822**	12s 25ms	20/30	23.4669	6.0481
48-1	8s 15ms	16/30	29.7923	9.6025	9s 19ms	11/30	28.3130	8.4516
48-2	6s 13ms	11/30	31.1216	10.6921	5s 10ms	5/30	29.1646	9.4670
48-3	4s 8ms	16/30	30.9750	9.9994	4s 8ms	10/30	33.8180	11.0197
365-0	123s 246ms	15/30	24.3521	6.3570	131s 262ms	14/30	26.3885	6.6233
365-4	20s 40ms	13/30	31.1529	9.6525	24s 49ms	5/30	35.7815	11.9775
96-1	16s 32ms	22/30	26.8682	8.0522	15s 30ms	12/30	**27.2457**	8.2298
32-0	12s 24ms	5/30	21.5972	5.2610	11s 22ms	12/30	23.0303	5.7771
45-0	14s 28ms	12/30	20.5127	**4.6124**	14s 28ms	17/30	22.7962	5.6227
60-0	16s 32ms	13/30	23.7649	6.0819	21s 42ms	9/30	**22.1994**	**5.3545**
70-0	25s 49ms	17/30	22.4296	5.6373	20s 40ms	12/30	**22.4546**	**5.5719**

表 6.5   实验 III 中福州和海口站点的风速预测精度

超参数	福州原始数据集				福州处理数据集			
	每个 epoch 的平均耗时	验证误差最小的 epoch	MAPE	MSE	每个 epoch 的平均耗时	验证误差最小的 epoch	MAPE	MSE
35-0	9s 19ms	3/30	27.7022	8.8471	10s 20ms	28/30	28.2886	9.6293
35-4	3s 6ms	26/30	29.9674	**9.5142**	3s 6ms	29/30	**30.8551**	**11.6643**
35-6	2s 5ms	29/30	**30.0073**	10.0871	2s 5ms	28/30	31.3452	12.3114
365-0	136s 271ms	25/30	27.5529	8.7766	129s 258ms	20/30	27.6821	8.7057
365-4	21s 42ms	27/30	37.8964	16.2280	20s 39ms	3/30	**30.0076**	**7.5907**
70-1	13s 25ms	29/30	30.0169	10.9243	11s 23ms	29/30	30.7816	11.7751
24-0	8s 16ms	26/30	27.1062	7.8946	7s 14ms	26/30	**27.3105**	**8.0044**
32-0	2s 24ms	29/30	30.4379	11.5622	11s 21ms	4/30	28.5686	8.8937
48-0	16s 33ms	26/30	28.1680	9.8679	15s 30ms	29/30	27.5140	**8.5005**
60-0	19s 37ms	25/30	**27.3110**	**8.1707**	20s 40ms	23/30	28.3041	9.7483

超参数	海口原始数据集				海口处理数据集			
	每个 epoch 的平均耗时	验证误差最小的 epoch	MAPE	MSE	每个 epoch 的平均耗时	验证误差最小的 epoch	MAPE	MSE
48-0	12s 24ms	27/30	26.3452	7.1202	12s 25ms	27/30	26.2897	7.0352
48-1	6s 12ms	9/30	26.4504	7.8987	7s 13ms	26/30	39.5524	13.5900
48-2	5s 10ms	30/30	33.3323	11.1374	5s 10ms	28/30	44.1901	15.7107
48-3	3s 6ms	3/30	34.4598	11.5814	4s 8ms	25/30	46.1357	16.7143
365-0	129s 259ms	12/30	26.8365	7.1165	133s 266ms	23/30	25.1548	6.5581
365-4	25s 51ms	29/30	37.1495	12.0272	25s 49ms	29/30	38.6081	13.0285
96-1	12s 24ms	21/30	43.3796	14.3285	16s 31ms	21/30	48.5259	16.7779
32-0	9s 18ms	28/30	24.7767	6.4012	9s 18ms	28/30	29.7638	8.2418
45-0	13s 26ms	27/30	31.8674	8.6739	13s 25ms	28/30	25.6303	6.8500
60-0	20s 40ms	27/30	**20.8285**	**4.8602**	17s 35ms	23/30	32.0126	9.0887
70-0	21s 42ms	26/30	23.7448	6.0244	27s 55ms	23/30	27.1204	7.4987

表 6.6   实验 IV 中福州和海口站点的风速预测精度

超参数	福州原始数据集				福州处理数据集			
	每个 epoch 的平均耗时	验证误差最小的 epoch	MAPE	MSE	每个 epoch 的平均耗时	验证误差最小的 epoch	MAPE	MSE
35-0	9s 18ms	10/30	27.8744	9.2754	11s 21ms	7/30	28.0968	9.2287
35-4	2s 4ms	7/30	30.2856	11.1228	3s 7ms	11/30	**30.8703**	**11.6075**
35-6	2s 4ms	6/30	30.7106	11.3035	3s 5ms	14/30	30.5220	**10.3565**
365-0	125s 251ms	25/30	27.6780	8.4693	121s 242ms	9/30	27.5834	8.5176
365-4	30s 60ms	20/30	29.3971	9.9804	21s 43ms	2/30	**29.8923**	**10.3887**
70-1	12s 23ms	14/30	30.9679	11.9951	11s 22ms	6/30	30.7518	**11.3113**
24-0	7s 14ms	10/30	27.3660	8.9137	7s 14ms	22/30	28.6948	9.5304
32-0	11s 22ms	10/30	27.2017	8.7184	14s 29ms	7/30	**27.5308**	**8.6071**
48-0	18s 37ms	10/30	27.7654	9.1132	14s 29ms	7/30	**27.3797**	**8.2329**
60-0	22s 43ms	26/30	29.7970	11.2347	25s 50ms	11/30	31.4230	12.3154

超参数	海口原始数据集				海口处理数据集			
	每个 epoch 的平均耗时	验证误差最小的 epoch	MAPE	MSE	每个 epoch 的平均耗时	验证误差最小的 epoch	MAPE	MSE
48-0	11s 23ms	27/30	**20.1332**	**4.5270**	12s 25ms	16/30	25.3814	6.9049
48-1	6s 11ms	26/30	35.9784	11.7311	7s 13ms	27/30	37.7302	12.7436
48-2	5s 9ms	30/30	31.3514	10.4983	5s 10ms	26/30	43.1663	15.3054
48-3	4s 8ms	15/30	31.8724	10.7461	5s 9ms	26/30	46.6745	17.1246
365-0	129s 257ms	27/30	32.0871	8.5238	136s 273ms	22/30	28.0641	7.4682
365-4	25s 51ms	27/30	37.0684	12.0203	19s 39ms	27/30	40.6922	13.8624
96-1	14s 28ms	16/30	31.0693	9.6797	14s 28ms	21/30	36.0590	11.7131
32-0	9s 19ms	30/30	26.2778	6.7993	10s 19ms	28/30	30.8197	8.5189
45-0	16s 32ms	27/30	36.6486	10.2134	14s 29ms	27/30	27.8390	7.5283
60-0	19s 39ms	23/30	27.1489	7.2075	21s 42ms	27/30	24.6677	6.4378
70-0	22s 44ms	22/30	21.7751	5.3307	21s 43ms	23/30	27.1145	7.4559

从表 6.3−表 6.6 可以看出:

(1) 运行时间: 当 Lookback-Leap 配对值设置为 365-0 时, 每一步花费的平均运行时间更长. 此外, 实验 III 需要更多的 epochs 来获得最小验证损失.

(2) MAPE 值: 在 Lookback 值固定但 Leap 值变化的情况下, 若 Leap 值的设置与根据 PACF 得到的值不同, 相应的 MAPE 值要更大一些. 对于多数的 Lookback-Leap 配对值, 实验 I 中得到的 MAPE 值比其他 3 个实验中相同 Lookback-Leap 配对值得到的 MAPE 值更小.

(3) MSE 值: 实验 IV 中根据福州处理数据得到的 MSE 值大部分小于实验 I 中得到的相应值; 对于其他 3 个数据集, 即福州原始数据集、海口原始数据集和海口处理数据集, 实验 I 中得到的 MSE 值大部分小于其他 3 个实验中得到的相应值.

所以, 在 MAPE 和 MSE 误差评判准则下, 除了使用 MSE 误差准则评价福州处理数据集的预测精度外, 实验 I 在大部分情况下对两个站点的风速预测呈现出优越的性能. 这极有可能是由于 WDSP 变量与其他 6 个变量的 MIC 值明显小于 WDSP 与 MXSPD 之间的 MIC 值引起的.

6.5.7　统一预测范围后的结果对比

本节将在第 6.5.6 节预测结果的基础上, 对预测范围进行统一, 并对风速预测的结果进行进一步分析和比较. 对于福州站点, 统一后的预测范围为 2017 年 3 月 15 日至 2020 年 9 月 15 日, 预测长度为 1280; 对于海口站点, 统一后的预测范围为 2011 年 10 月 20 日至 2014 年 9 月 29 日, 总预测长度为 1075.

图 6.7 绘制了根据原始数据和处理数据得到的 MAPE 和 MSE 结果. 为了更清楚地展示不同实验之间的性能差异, 在绘制图 6.7 中的 MAPE 结果时, 对于福州和海口站点, 在原数值的基础上分别减去了 26 和 20; 同样, 在绘制 MSE 结果时, 对于两站点, 分别减去了 6 和 4.

根据图 6.7, 可得出以下结论:

(1) MAPE 比较: 两个站点的最大 MAPE 值均在实验 III 中达到. 对于福州站点, 最小的 MAPE 值在实验 I 中将 Lookback-Leap 值设为 35-0 且使用原始数据时达到; 对于海口站点, 最小的 MAPE 值在实验 IV 中将 Lookback-Leap 值设为 48-0 且采用原始数据时达到.

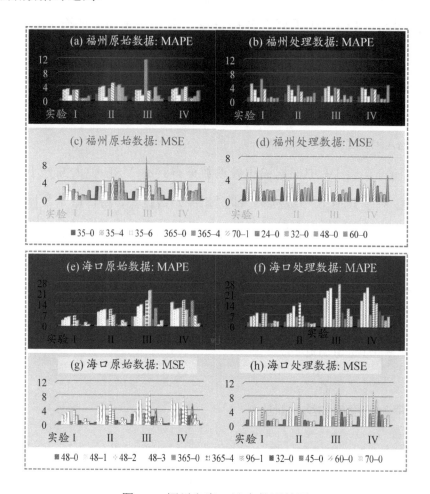

图 6.7   福州和海口站点的误差图

(2) MSE 比较: 两站点的最大 MSE 值均在实验 III 中达到. 对于福州站点, 在实验 I 中将超参数 Lookback-Leap 配对值设为 35-0 且采用原始数据时 MSE 达到最小; 对于海口站点, 最小 MSE 值为在实验 IV 中将超参数 Lookback-Leap 配对值设为 48-0 且采用原始数据时达到.

可见, 在风速预测中, 将所有变量输入网络结果并不理想, 必须谨慎地选择输入变量. 当根据 PACF 结果设置 Lookback-Leap 值, 并通过相关分析或假设检验来选择输入变量时, 预测结果较佳. 此外, 对于实验中使用的这两个站点而言, 剔除原始数据中的季节性成分并没有起到显著提升 GRU 网络预测精度的作用.

除了采用上述误差极值来评价模型的性能, 接下来通过基于 Friedman 检验的初步模型排序和后验 Nemenyi 检验来进一步评价模型的性能, 评价结果见表 6.7.

表 6.7　针对 4 种实验性能的 Friedman 和 Nemenyi 检验结果

数据集	误差准则	Friedman 检验				拒绝原假设	需进行后验检验	对应图形
		平均秩						
		实验 I	实验 II	实验 III	实验 IV			
福州原始	MAPE	1.70	3.40	2.00	2.90	是	是	图 6.8 (a)
	MSE	1.50	3.20	2.30	3.00	是	是	图 6.8 (b)
福州处理	MAPE	2.10	2.80	2.60	2.50	否	否	–
	MSE	2.40	2.80	2.70	2.10	否	否	–
海口原始	MAPE	1.27	2.27	3.18	3.27	是	是	图 6.8 (c)
	MSE	1.36	2.18	3.18	3.27	是	是	图 6.8 (d)
海口处理	MAPE	1.27	1.82	3.45	3.45	是	是	图 6.8 (e)
	MSE	1.18	1.91	3.45	3.45	是	是	图 6.8 (f)

表 6.7 表明, 对于福州处理数据集, 若采用 MAPE 误差评判准则, 实验 I 性能最好; 然而, 若采用 MSE 误差评判准则, 则实验 IV 性能最好. 除福州处理数据集外, 对于其他 3 个数据集, 针对 4 种实验的 Friedman 检验呈现一致的结果. 对这 3 个数据集的 MAPE 和 MSE 误差结果采用 Nemenyi 检验进行进一步的检验.

图 6.8 是对其他 3 个数据集上 Friedman 和 Nemenyi 检验结果的可视化. 在图 6.8 中, 横线代表相应实验的临界值域, 位于每条横线中心的圆表示相应的平均秩. 处于更上边和更左边的水平线对应的模型更好. 若两条横线之间的重叠区间越大, 则两个模型之间的差异越小; 没有重叠区间则意味着两个模型之间存在显著差异. 例如, 图 6.8 (a) 表明, 若对福州原始数据集采用 MAPE 误差评判准则, 实验 I 的性能与实验 III 的性能差异最小, 但与实验 II 的性能存在显著差异.

从图 6.8 可以得出以下结论:

(1) 无论采用哪种误差准则, 实验 I 的性能对 3 个数据集均为最好.

(2) 对于福州原始数据集, 实验 I 的性能与实验 III 的差异最小, 但与实验 II 的差异显著. 这意味着, 对于该数据集, 将所有变量作为输入变量比将 WDSP 和与 WDSP

变量相关性最强的两个变量作为网络的输入变量更有利于风速预测. 此外, 当使用 MAPE 评判准则时, 实验 I 和实验 IV 的性能差异要小于 MSE 指标下的差异.

(3) 对于海口原始数据集和海口处理数据集, 实验 I 的性能与实验 II 的差异最小, 但与实验 III 和实验 IV 具有显著差异, 这意味着对于这两个数据集, 将两个与 WDSP 变量相关性最强的变量以及 WDSP 作为网络的输入变量, 比将所有变量作为输入或利用假设检验结果选择得到输入变量更优. 此外, 对于海口处理数据集, 实验 II 与实验 III (或实验 IV) 之间存在显著的差异.

可见, 实验的性能随着误差标准的选择和数据处理方式的变化而有所不同.

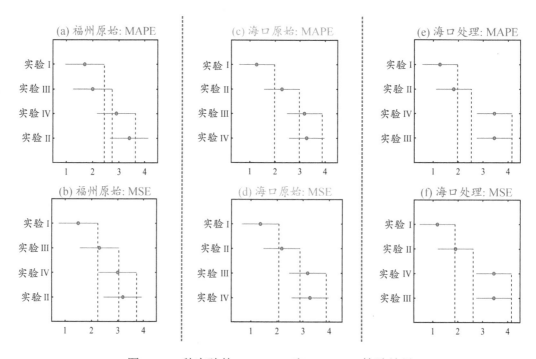

图 6.8   4 种实验的 Friedman 和 Nemenyi 检验结果

接下来, 利用同样的策略对不同 Lookback-Leap 超参数设置的性能进行检验, 结果见图 6.9. 如图 6.9 所示, 不同的 Lookback-Leap 超参数设置对 4 个数据集的性能都存在差异. 对于福州原始数据集和海口原始数据集, 35-0 和 48-0 分别是最优的超参数设置对, 这与根据 MAPE 和 MSE 值比较结果得到的结论一致, 即当 Lookback-Leap 值根据 PACF 结果设置时, 原始数据的预测效果最佳. 此外, 对于福州原始数据集,

365-4、70-1 和 35-6 均是不建议使用的超参数对, 因为使用这些超参数对得到的模型的性能与根据 PACF 结果设置的 35-0 得到的性能显著不同; 同理, 对于海口原始数据集, 不建议使用的 Lookback-Leap 超参数对为 48-2、48-3 和 365-4.

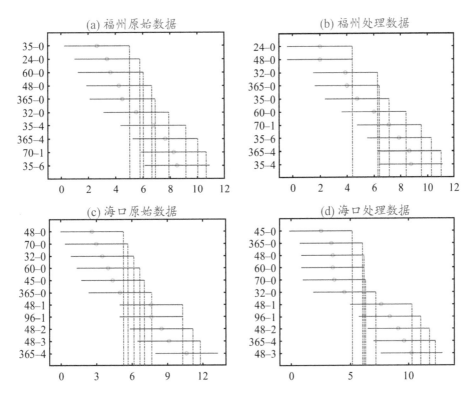

图 6.9　不同 Lookback-Leap 超参数设置性能的 Friedman 和 Nemenyi 检验结果

6.5.8　其他应用实例

　　以上模拟分析结果主要基于"带一路"沿线位于中国的两个站点, 本节使用"一带一路"沿线位于其他国家的另一站点— 巴黎的 Paris-Montsouris, 以进一步评估本章介绍的风速预测模型的稳健性. 对于此站点, 数据采样时间为 1999 年 3 月 24 日至 2021 年 10 月 10 日. 实验模拟过程与上述两个站点使用的完全一致, 因此, 此处只列出最关键的模拟结果.

　　通过 Pearson 相关分析法得到 Paris-Montsouris 站点的 WDSP 变量与其他 7 个变量, 即 TEMP、DEWP、SLP、VISIB、MXSPD、MAX 和 MIN 之间的相关系数分别为 -0.22、-0.19、-0.26、0.015、0.88、-0.24 和 -0.18; 若采用偏相关分析和最大

信息系数分析法, 相应的相关系数分别为 0.049、−0.14、−0.007、0.004、0.87、−0.12 和 0.085, 以及 0.076、0.056、0.067、0.025、0.56、0.075 和 0.053. 因此, MXSPD 仍是与变量 WDSP 相关程度最高的变量. 除此之外, 变量 TEMP 与 WDSP 呈现出较强的相关性. t 检验结果表明, 变量 VISIB 和 SLP 与 WDSP 几乎没有相关性. 根据该站点风速数据的 PACF 结果, 可将超参数 Lookback-Leap 配对值设置为 35-0. 表 6.8 给出了使用相同的预测区间时 4 种实验的预测精度. 从表 6.8 可看出, 当按照 PACF 结果设置 Lookback-Leap 配对值, 并使用原始数据时, 最佳预测结果出现, 对应的实验为实验 II.

表 6.8　使用相同预测区间时 Paris-Montsouris 站点 4 种实验的预测精度

| 超参数 | Paris-Montsouris 原始数据集 | | | | | | | |
| | 实验 I | | 实验 II | | 实验 III | | 实验 IV | |
	MAPE (%)	MSE	MAPE (%)	MSE	MAPE (%)	MSE	MAPE (%)	MSE
35-0	22.7554	3.5717	22.2889	3.1754	27.0731	5.3210	23.1711	3.8198
35-4	27.2840	5.3479	27.5739	5.4091	26.6164	5.2235	27.5593	5.2538
35-6	27.9030	5.5255	26.7970	4.9860	26.7628	4.8462	27.4986	5.3536
365-0	22.7884	3.4691	22.9227	3.6352	23.5493	4.0157	24.5079	4.4805
365-4	27.5915	5.1737	26.6647	4.3939	26.5810	4.9535	30.6080	7.1132
70-1	26.6698	4.9902	26.7770	5.0037	25.8251	4.3862	28.1009	5.8344
24-0	23.1860	3.8013	23.3613	3.9269	30.0890	6.4456	23.1946	3.7312
32-0	23.1214	3.8106	22.7352	3.5860	25.7383	4.9265	22.6408	3.6446
48-0	23.0200	3.7363	22.5673	3.4470	23.1179	3.6611	22.9954	3.6091
60-0	22.8038	3.5810	23.0660	3.7232	22.8902	3.6480	23.1072	3.7829

| 超参数 | Paris-Montsouris 处理数据集 | | | | | | | |
| | 实验 I | | 实验 II | | 实验 III | | 实验 IV | |
	MAPE (%)	MSE	MAPE (%)	MSE	MAPE (%)	MSE	MAPE (%)	MSE
35-0	23.2193	3.5830	24.0280	3.9814	23.4543	3.7227	23.7592	3.8150
35-4	27.5416	5.2852	27.7008	5.3768	32.8990	8.1566	27.9815	5.2146
35-6	27.6724	5.2396	28.1892	5.3523	27.6735	5.1110	29.0059	6.1260
365-0	23.1864	3.4384	25.0683	4.4090	29.0999	6.0042	24.1340	3.9274
365-4	28.2213	5.7116	29.5313	6.5176	27.6410	4.9768	27.7962	4.6419
70-1	27.2187	4.7371	27.6432	5.0256	27.9362	5.4772	28.5058	4.8508
24-0	23.2298	3.5997	24.0210	3.9700	24.0382	4.0453	25.0653	4.5235
32-0	23.5525	3.7785	24.3699	3.9376	24.6715	4.3824	25.5198	4.8459
48-0	23.4789	3.6766	23.7796	3.8120	23.2466	3.5443	24.0164	3.9208
60-0	23.2779	3.5619	23.5615	3.6566	23.2990	3.6986	22.9188	3.4615

6.5.9　与其他模型的预测精度对比

接下来, 将本章介绍的 GRU 网络预测优化模型的精度与其他 3 种模型的精度进行对比. 这 3 种模型分别为: ① Persistence 模型: 该模型虽简单, 但在很多短期风速预测问题中都取得过良好的结果, 故常作为基准, 被用于与新的预测模型进行预测效果的对比; ② 支持向量回归 (SVR) 模型: 该模型是经典的在很多预测问题中得到良好预测结果的模型; ③ LSTM 模型: 该模型在风预测领域近几年备受瞩目且得到了较多可靠的时间序列预测结果. SVR 和 LSTM 模型的相关参数设置对比见表 6.9.

表 6.9　SVR 和 LSTM 模型的参数设置对比

SVR		LSTM	
参数	取值	参数	取值
核函数	径向基函数	隐藏单元个数	48
核尺度	1	优化器	自适应矩估计
优化器	序贯最小优化	Epochs最大值	250
		梯度阈值	1
		初始学习率	0.005

最终误差对比结果见图 6.10. 此外, 通过将 Persistence 模型作为基准, 图 6.10 中的柱状图还展现了本章所介绍的 GRU 网络预测优化模型、SVR 和 LSTM 模型相对于该基准模型的准确率提升程度. 此处, 准确率提升 (AccIm) 的计算公式为:

$$\text{AccIm} = \frac{Error_{\text{bencmark}} - Error_{\text{compared}}}{Error_{\text{bencmark}}} \times 100\%,$$

其中 $Error_{\text{bencmark}}$ 和 $Error_{\text{compared}}$ 分别表示基准模型和用于与基准模型对比的模型的误差值. 若 AccIm 的取值为正, 则表示对比模型的误差小于基准模型的误差; 反之, 负的 AccIm 取值表示对比模型的误差大于基准模型的误差.

图 6.10 中, 子图 (a)、(b) 和 (c) 分别展示了福州站点、海口站点和 Paris-Montsouris 站点的误差结果,子图 (d)、(e) 和 (f) 分别绘制了福州站点、海口站点和 Paris-Montsouris 站点不同模型相对于基准模型的准确率提升程度. 如图 6.10 (a)—(c)所示, 本章介绍的 GRU 网络预测优化模型在 3 个站点的 MAPE 和 MSE 值均小于 3 种用于比较的模型, 即本章介绍的 GRU 网络预测优化模型达到了更高的预测精度. 图 6.10 (d)—(f) 表明, 与基准的 Persistence 模型相比, SVR 模型、LSTM 网络和本章介绍的 GRU 网络预测优化模型性能不尽相同.

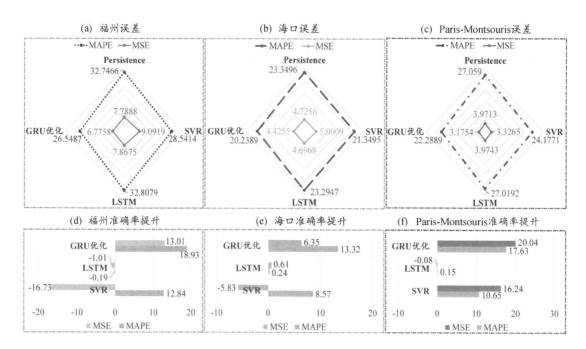

图 6.10 GRU 网络预测优化模型与其他 3 种模型的预测精度对比

(1) 本章介绍的预测优化模型: 对于 3 个站点, 无论使用哪种误差标准, 本章介绍的 GRU 网络预测优化模型的性能均最优: 在 MAPE 准则下, 与基准的 Persistence 模型相比, 本章介绍的 GRU 网络预测优化模型在 3 个站点的 AccIm 值分别为 18.93%、13.32% 和 17.63%; 在 MSE 准则下, 3 个站点的 AccIm 值分别为 13.01%、6.35% 和 20.04%.

(2) SVR 模型: 对于 3 个站点, 在 MAPE 准则下, SVR 模型的性能位居第二; 在 MSE 准则下, 对于 Paris-Montsouris 站点, SVR 模型的性能优于 LSTM 网络和 Persistence 模型; 对于其他两个站点, 最小的负 AccIm 值表明 SVR 模型的预测性能是最差的.

(3) LSTM 网络: 在 MAPE 准则下, 对于海口和 Paris-Montsouris 站点, LSTM 网络的预测性能优于基准模型, 差于 SVR 模型和本章介绍的 GRU 预测优化模型; 在 MSE 准则下, 对于海口站点, LSTM 网络的预测性能优于基准模型和 SVR 模型. 在其他情况下, 基准的 Persistence 模型的性能优于 LSTM 网络.

6.6　阅读材料

循环神经网络 (RNN) 由于其在时间序列预测方面的优越性能, 近年来, 被广泛地用于针对不同时间尺度的风速预测 (Kariniotakis et al., 1996; Kermanshahi, 1998), 如: ① 针对长期风速预测, Barbounis 等人 (Barbounis et al., 2006) 采用了 3 种类型的 RNN, 包括最小脉冲响应多层感知器、局部激活反馈多层网络和对角 RNN 等. Senjyu 等人 (Senjyu et al., 2006) 采用 Elman RNN, Olaofe (Olaofe, 2014) 利用 layer RNN, Kulkarni 等人 (Kulkarni et al., 2019) 使用 LSTM 网络进行了长期风速预测. ② 对于短期风速预测, Welch 等人 (Welch et al., 2009) 使用了 Elman 和同步 RNN, 而 Kurdikeri 和 Raju (Kurdikeri & Raju, 2018) 则使用了 LSTM 网络. Duan 等人 (Duan et al., 2021) 将两种类型的 RNN, 即 LSTM 和 GRU 网络进行了混合, 以预测短期风速. ③ 对于超短期的风速预测, Zhu 等人 (Zhu et al., 2019) 开发了一个概率 LSTM 网络用于超短期的风速预测.

目前, 以风速预测为目的, 涉及针对深度学习网络输入变量选择的相关研究可以归纳为两类: ① 基于相关分析的方法. 例如, Xie 等人 (Xie et al., 2021) 采用 Pearson 相关系数来选择多变量 LSTM 网络的有效输入; Memarzadeh 和 Keynia (Memarzadeha & Keynia, 2020) 采用相互信息 (MI) 方法来优化 LSTM 网络的输入集; Liu 等人 (Liu et al., 2020) 也采用了 MI 方法对叠加去噪自动编码器和 LSTM 网络进行特征选择; Imani 等人 (Imani et al., 2021) 则从数据中找到最佳子集以提高 LSTM 网络的预测能力. ② 基于包装形式的方法. 例如, Wang 等人 (Wang et al., 2020) 将基于混合编码的 Harris hawks optimization (HHO) 应用于卷积简化 LSTM 网络的适用特征选择; Fu 等人 (Fu et al., 2020) 提出了一种算法, 通过突变操作和分层策略整合了 grey wolf 优化器和 HHO, 用于与卷积 LSTM 网络相关的复合风速预测框架中的特征选择.

然而, 现有的这些输入变量选择方法有一定的缺点: Pearson 相关系数只能揭示两个变量之间的线性关系, 它不能衡量非线性关系, 也不能限定其他变量对这两个变量的影响. 虽然 MI 方法可以测量变量之间的线性和非线性关系, 但它不能有效地测量特征之间的非功能相关性. 同时, 所使用的具体预测模型会影响基于包装形式的方法所选择的特征.

参考文献

[1] Barbounis T G, Thecharis J B, Alexiadis M C, et al. Long-term wind speed and power forecasting using local recurrent neural network models [J]. IEEE Transactions on Energy Conversion, 2006, 21 (1): 273-284.

[2] Cadenas E, Rivera R. Wind speed forecasting in three different regions of Mexico, using a hybrid ARIMA-ANN model [J]. Renewable Energy, 2010, 35 (12): 2732-2738.

[3] Chung J, Gulcehre C, Cho K H, et al. Empirical evaluation of gated recurrent neural networks on sequence modeling [J]. Eprint ArXiv, 2014.

[4] Duan J K, Zuo H C, Bai Y L, et al. Short-term wind speed forecasting using recurrent neural networks with error correction [J]. Energy, 2021, 217: 119397.

[5] Fu W L, Wang K, Tan J W, et al. A composite framework coupling multiple feature selection, compound prediction models and novel hybrid swarm optimizer-based synchronization optimization strategy for multi-step ahead short-term wind speed forecasting [J]. Energy Conversion & Management, 2020, 205: 112461.

[6] Imani M, Fakour H, Lan W H, et al. Application of rough and fuzzy set theory for prediction of stochastic wind speed data using long short-term memory [J]. Atmosphere, 2021, 12: 924.

[7] Kariniotakis G N, Stavrakakis G S, Nogaret E F. Wind power forecasting using advanced neural networks models [J]. IEEE Transactions on Energy Conversion, 1996, 11 (4): 762-767.

[8] Kermanshahi B. Recurrent neural network for forecasting next 10 years loads of nine Japanese utilities [J]. Neurocomputing, 1998, 23 (1-3): 125-133.

[9] Kong Z Q, Tang B P, Deng L, et al. Condition monitoring of wind turbines based

on spatio-temporal fusion of SCADA data by convolutional neural networks and gated recurrent units [J]. Renewable Energy, 2020, 146: 760-768.

[10] Kulkarni P A, Dhoble A S, Padole P M. Deep neural network-based wind speed forecasting and analysis of a large composite wind turbine blade [J]. Proceedings of the Institution of Mechanical Engineers, Part C: Journal of Mechanical Engineering Science, 2019, 233 (8): 2794-2812.

[11] Kurdikeri R B, Raju A B. Comparative study of short-term wind speed forecasting techniques using artificial neural networks [C]. International Conference on current trends towards Converging Technologies (ICCTCT), 2018: 1-5.

[12] Liu X J, Zhang H, Kong X B, et al. Wind speed forecasting using deep neural network with feature selection [J]. Neurocomputing, 2020, 397: 393-403.

[13] Memarzadeha G, Keynia F. A new short-term wind speed forecasting method based on fine-tuned LSTM neural network and optimal input sets [J]. Energy Conversion & Management, 2020, 213: 112824.

[14] Olaofe Z O. A 5-day wind speed and power forecasts using a layer recurrent neural network (LRNN) [J]. Sustainable Energy Technologies & Assessments, 2014, 6: 1-24.

[15] Reshef D N, Reshef Y A, Finucane H K, et al. Detecting novel associations in large data sets [J]. Science, 2011: 334 (6062): 1518-1524.

[16] Senjyu T, Yona A, Urasaki N, et al. Application of recurrent neural network to long-term-ahead generating power forecasting for wind power generator [C]. IEEE PES Power Systems Conference and Exposition, 2006, 1260-1265.

[17] Wang K, Fu W L, Chen T, et al. A compound framework for wind speed forecasting based on comprehensive feature selection, quantile regression incorporated into convolutional simplified long short-term memory network and residual error correction [J]. Energy Conversion & Management, 2020, 222: 113234.

[18] Welch R L, Ruffing S M, Venayagamoorthy G K. Comparison of feedforward and

feedback neural network architectures for short term wind speed prediction [C]. International Joint Conference on neural networks, 2009, 3335-3340.

[19] Xie A Q, Yang H, Chen J, et al. A short-term wind speed forecasting model based on a multi-variable long short-term memory network [J]. Atmosphere, 2021, 12 (5): 651.

[20] Zhu S, Yuan X H, Xu Z Y, et al. Gaussian mixture model coupled recurrent neural networks for wind speed interval forecast [J]. Energy Conversion & Management, 2019, 198: 111772.

第 7 章　Weibull 分布拟合预测优化模型及其应用

7.1　Weibull 分布

对数据序列的概率分布进行适当地拟合, 并根据拟合结果对该序列中数据出现最频繁的区间以及整体的概率分布进行一定的评估和认识, 是概率统计中一个很重要的研究内容. Weibull 分布由于其良好的拟合性能而被广泛地用于概率分布的拟合中. 最常用的 Weibull 分布包括双参 Weibull 分布以及双侧 Weibull 分布.

7.1.1　双参 Weibull 分布

定义　7.1　双参 Weibull 分布的概率密度函数表达式为:

$$f\left(x\left|\lambda,k\right.\right)=\begin{cases}\dfrac{k}{\lambda}\left(\dfrac{x}{\lambda}\right)^{k-1}\exp\left[-\left(\dfrac{x}{\lambda}\right)^{k}\right], & x\geqslant 0 \\ 0, & x<0\end{cases},$$

其中, λ 和 k 为确定分布所需的两个参数, 且均大于 0.

根据定义 7.1, 有以下推论:

推论　7.2　若随机变量 X 服从双参 Weibull 分布, 则其分布函数为:

$$F\left(x\left|\lambda,k\right.\right)=1-\exp\left[-\left(\dfrac{x}{\lambda}\right)^{k}\right].$$

与时间顺序无关的一些统计量, 对序列的一些本质特征具有一定的刻画作用, 诸如: 序列的均值 (期望)、方差、偏度以及峰度. 均值常被用来描述随机变量取值的整体水平. 方差被用来度量随机变量和其均值之间的偏离程度. 偏度亦称偏态, 常用于对统计数据分布偏斜方向和程度进行度量, 是表征统计数据分布非对称程度的数字特征: 当统计数据为右偏分布时, 其偏度大于 0, 且偏度值越大, 右偏程度越高; 当统计数据为左偏分布时, 偏度值小于 0, 且偏度值越小, 左偏程度越高; 当统计数据为对称分布时, 偏度值为 0. 峰度是用于衡量随机变量取值分布相较于正态分布其形态陡缓程度的统计量: 峰度为 0 表示总体数据分布与正态分布的陡缓程度相同; 峰度大于 0 表示总体数据分布与正态分布相比较为陡峭, 为尖顶峰; 峰度小于 0 表示总体数据分布与正态分布相比较为平坦, 为平顶峰. 峰度的绝对值数值越大表示其分布形态的陡缓程度与正态分布的差异越大.

性质 7.3 若随机变量 X 服从双参 Weibull 分布, 则其具有以下特征:

(1) X 的 n 阶原点矩为:

$$E\left(X^n\right) = \lambda^n \Gamma\left(1 + \frac{n}{k}\right),$$

其中, $n \geqslant 1$, $n \in \mathbf{Z}$ 且 $\Gamma\left(x\right) = \int_0^{+\infty} t^{x-1} \exp\left(-t\right) \mathrm{d}t$. 特别地, X 的均值为:

$$E\left(X\right) = \lambda \Gamma\left(1 + \frac{1}{k}\right);$$

(2) X 的方差为:

$$\sigma^2 = D\left(X\right) = \lambda^2 \Gamma\left(1 + \frac{2}{k}\right) - \lambda^2 \Gamma^2\left(1 + \frac{1}{k}\right);$$

(3) X 的偏度为:

$$S\left(X\right) = \frac{\Gamma\left(1 + 3/k\right) - 3\Gamma\left(1 + 1/k\right)\Gamma\left(1 + 2/k\right) + 2\Gamma^3\left(1 + 1/k\right)}{\left[\Gamma\left(1 + 2/k\right) - \Gamma^2\left(1 + 1/k\right)\right]^{3/2}};$$

(4) X 的峰度为:

$$K\left(X\right) = \frac{f\left(k\right)}{\left[\Gamma\left(1 + 2/k\right) - \Gamma^2\left(1 + 1/k\right)\right]^2},$$

其中,

$$\begin{aligned}
f\left(k\right) =\ & \Gamma\left(1 + 4/k\right) - 4\Gamma\left(1 + 1/k\right)\Gamma\left(1 + 3/k\right) + 12\Gamma^2\left(1 + 1/k\right)\Gamma\left(1 + 2/k\right) \\
& -3\Gamma^2\left(1 + 2/k\right) - 6\Gamma^4\left(1 + 1/k\right).
\end{aligned}$$

7.1.2 双侧 Weibull 分布

定义 7.4 双侧 Weibull 分布的概率密度函数表达式如下所示:

$$f\left(x \,|\, \lambda_1, k_1, k_2\right) = \begin{cases} b_p\left(\dfrac{-b_p x}{\lambda_1}\right)^{k_1 - 1} \exp\left[-\left(\dfrac{-b_p x}{\lambda_1}\right)^{k_1}\right], & x < 0 \\[3mm] b_p\left(\dfrac{b_p x}{\lambda_2}\right)^{k_2 - 1} \exp\left[-\left(\dfrac{b_p x}{\lambda_2}\right)^{k_2}\right], & x \geqslant 0 \end{cases},$$

其中, $k_1, k_2 > 0$, $\lambda_1, \lambda_2 > 0$, $\lambda_1/k_1 + \lambda_2/k_2 = 1$ 且

$$b_p^2 = \frac{\lambda_1^3}{k_1}\Gamma\left(1 + \frac{2}{k_1}\right) + \frac{\lambda_2^3}{k_2}\Gamma\left(1 + \frac{2}{k_2}\right) - \left[-\frac{\lambda_1^2}{k_1}\Gamma\left(1 + \frac{1}{k_1}\right) + \frac{\lambda_2^2}{k_2}\Gamma\left(1 + \frac{1}{k_2}\right)\right]^2.$$

注 7.5 由于等式 $\lambda_1/k_1 + \lambda_2/k_2 = 1$ 成立, 因此 $\lambda_2 = k_2(1 - \lambda_1/k_1)$, 表明双侧 Weibull 分布只依赖于参数 λ_1, k_1, k_2.

定理 7.6 若随机变量 X 服从双侧 Weibull 分布, 则其概率密度函数 $f(x\,|\lambda_1, k_1, k_2)$ 满足以下性质: $\int_{-\infty}^{+\infty} f(x\,|\lambda_1, k_1, k_2)\,\mathrm{d}x = 1$ 的充要条件为 $\lambda_1/k_1 + \lambda_2/k_2 = 1$.

证明: 由于 $f(x\,|\lambda_1, k_1, k_2)$ 为双侧 Weibull 分布的概率密度函数, 因此,

$$
\int_{-\infty}^{+\infty} f(x\,|\lambda_1, k_1, k_2)\,\mathrm{d}x = 1
$$

$$
\Leftrightarrow \int_{-\infty}^{0} f(x\,|\lambda_1, k_1, k_2)\,\mathrm{d}x + \int_{0}^{+\infty} f(x\,|\lambda_1, k_1, k_2)\,\mathrm{d}x = 1
$$

$$
\Leftrightarrow \int_{-\infty}^{0} b_p \left(\frac{-b_p x}{\lambda_1}\right)^{k_1-1} \exp\left[-\left(\frac{-b_p x}{\lambda_1}\right)^{k_1}\right]\mathrm{d}x
$$
$$
+ \int_{0}^{+\infty} b_p \left(\frac{b_p x}{\lambda_2}\right)^{k_2-1} \exp\left[-\left(\frac{b_p x}{\lambda_2}\right)^{k_2}\right]\mathrm{d}x = 1
$$

$$
\Leftrightarrow \frac{\lambda_1}{k_1} \int_{-\infty}^{0} \mathrm{d}\exp\left[-\left(\frac{-b_p x}{\lambda_1}\right)^{k_1}\right] - \frac{\lambda_2}{k_2} \int_{0}^{+\infty} \mathrm{d}\exp\left[-\left(\frac{b_p x}{\lambda_2}\right)^{k_2}\right] = 1
$$

$$
\Leftrightarrow \frac{\lambda_1}{k_1}(1-0) - \frac{\lambda_2}{k_2}(0-1) = 1
$$

$$
\Leftrightarrow \frac{\lambda_1}{k_1} + \frac{\lambda_2}{k_2} = 1.
$$

得证.

推论 7.7 若随机变量 X 服从双侧 Weibull 分布, 则其分布函数为:

$$
F(x\,|\lambda_1, k_1, k_2) = \begin{cases} \frac{\lambda_1}{k_1}\exp\left[-\left(\frac{-b_p x}{\lambda_1}\right)^{k_1}\right], & x < 0 \\ 1 - \frac{\lambda_2}{k_2}\exp\left[-\left(\frac{b_p x}{\lambda_2}\right)^{k_2}\right], & x \geqslant 0 \end{cases} . \tag{7.1}
$$

定理 7.8 若随机变量 X 服从双侧 Weibull 分布, 则其逆分布函数为:

$$
F^{-1}(\eta\,|\lambda_1, k_1, k_2) = \begin{cases} -\frac{\lambda_1}{b_p}\left[-\ln\left(\frac{k_1}{\lambda_1}\eta\right)\right]^{1/k_1}, & 0 \leqslant \eta < \lambda_1/k_1 \\ \frac{\lambda_2}{b_p}\left[-\ln\left(\frac{k_2}{\lambda_2}(1-\eta)\right)\right]^{1/k_2}, & \lambda_1/k_1 \leqslant \eta < 1 \end{cases} . \tag{7.2}
$$

证明: 分两种情形来讨论.

　　情形 1: 若 $x < 0$, 令

$$
\frac{\lambda_1}{k_1}\exp\left[-\left(\frac{-b_p x}{\lambda_1}\right)^{k_1}\right] = \eta,
$$

则有 $0 < \eta < \lambda_1/k_1$, 并且

$$\frac{\lambda_1}{k_1} \exp\left[-\left(\frac{-b_p x}{\lambda_1}\right)^{k_1}\right] = \eta$$

$$\Leftrightarrow \quad \exp\left[-\left(\frac{-b_p x}{\lambda_1}\right)^{k_1}\right] = \frac{k_1}{\lambda_1}\eta$$

$$\Leftrightarrow \quad -\left(\frac{-b_p x}{\lambda_1}\right)^{k_1} = \ln\left(\frac{k_1}{\lambda_1}\eta\right)$$

$$\Leftrightarrow \quad \left(\frac{-b_p x}{\lambda_1}\right)^{k_1} = -\ln\left(\frac{k_1}{\lambda_1}\eta\right)$$

$$\Leftrightarrow \quad \frac{-b_p x}{\lambda_1} = \left[-\ln\left(\frac{k_1}{\lambda_1}\eta\right)\right]^{1/k_1}$$

$$\Leftrightarrow \quad x = -\frac{\lambda_1}{b_p}\left[-\ln\left(\frac{k_1}{\lambda_1}\eta\right)\right]^{1/k_1}.$$

情形 2: 若 $x \geqslant 0$, 令

$$1 - \frac{\lambda_2}{k_2} \exp\left[-\left(\frac{-b_p x}{\lambda_2}\right)^{k_2}\right] = \eta,$$

则有 $1 - \lambda_2/k_2 \leqslant \eta < 1$, 即 $\lambda_1/k_1 \leqslant \eta < 1$, 并且

$$1 - \frac{\lambda_2}{k_2} \exp\left[-\left(\frac{b_p x}{\lambda_2}\right)^{k_2}\right] = \eta$$

$$\Leftrightarrow \quad \frac{\lambda_2}{k_2} \exp\left[-\left(\frac{b_p x}{\lambda_2}\right)^{k_2}\right] = 1 - \eta$$

$$\Leftrightarrow \quad \exp\left[-\left(\frac{b_p x}{\lambda_2}\right)^{k_2}\right] = \frac{k_2}{\lambda_2}(1-\eta)$$

$$\Leftrightarrow \quad -\left(\frac{b_p x}{\lambda_2}\right)^{k_2} = \ln\left[\frac{k_2}{\lambda_2}(1-\eta)\right]$$

$$\Leftrightarrow \quad \left(\frac{b_p x}{\lambda_2}\right)^{k_2} = -\ln\left(\frac{k_2}{\lambda_2}(1-\eta)\right)$$

$$\Leftrightarrow \quad \frac{b_p x}{\lambda_2} = \left[-\ln\left(\frac{k_2}{\lambda_2}(1-\eta)\right)\right]^{1/k_2}$$

$$\Leftrightarrow \quad x = \frac{\lambda_2}{b_p}\left[-\ln\left(\frac{k_2}{\lambda_2}(1-\eta)\right)\right]^{1/k_2}.$$

因此,

$$F^{-1}(\eta|\lambda_1, k_1, k_2) = \begin{cases} -\frac{\lambda_1}{b_p}\left[-\ln\left(\frac{k_1}{\lambda_1}\eta\right)\right]^{1/k_1}, & 0 \leqslant \eta < \lambda_1/k_1 \\ \frac{\lambda_2}{b_p}\left[-\ln\left(\frac{k_2}{\lambda_2}(1-\eta)\right)\right]^{1/k_2}, & \lambda_1/k_1 \leqslant \eta < 1 \end{cases} . \tag{7.3}$$

得证.

性质 7.9 若随机变量 X 服从双侧 Weibull 分布, 则其具有以下特征:

(1) X 的 n 阶原点矩为:

$$E\left(X^n\right) = (-1)^n \frac{\lambda_1^{n+1}}{b_p^n k_1} \Gamma\left(1+\frac{n}{k_1}\right) + \frac{\lambda_2^{n+1}}{b_p^n k_2} \Gamma\left(1+\frac{n}{k_2}\right),$$

其中, $n \geqslant 1$, $n \in \mathbf{Z}$ 且 $\Gamma(x) = \int_0^{+\infty} t^{x-1} \exp(-t)\,\mathrm{d}t$. 特别地, X 的均值为:

$$E(X) = -\frac{\lambda_1^2}{b_p k_1} \Gamma\left(1+\frac{1}{k_1}\right) + \frac{\lambda_2^2}{b_p k_2} \Gamma\left(1+\frac{1}{k_2}\right);$$

(2) X 的方差为:

$$D(X) = \frac{\lambda_1^3}{b_p^2 k_1} \Gamma\left(1+\frac{2}{k_1}\right) + \frac{\lambda_2^3}{b_p^2 k_2} \Gamma\left(1+\frac{2}{k_2}\right) - \left[-\frac{\lambda_1^2}{b_p k_1} \Gamma\left(1+\frac{1}{k_1}\right) + \frac{\lambda_2^2}{b_p k_2} \Gamma\left(1+\frac{1}{k_2}\right)\right]^2;$$

(3) X 的偏度为:

$$
\begin{aligned}
S(X) = {}& -\frac{\lambda_1^4}{b_p^3 k_1} \Gamma\left(1+\frac{3}{k_1}\right) + \frac{\lambda_2^4}{b_p^3 k_2} \Gamma\left(1+\frac{3}{k_2}\right) - 3\left[\frac{\lambda_1^3}{b_p^2 k_1} \Gamma\left(1+\frac{2}{k_1}\right) + \frac{\lambda_2^3}{b_p^2 k_2} \Gamma\left(1+\frac{2}{k_2}\right)\right] \\
& \cdot \left[-\frac{\lambda_1^2}{b_p k_1} \Gamma\left(1+\frac{1}{k_1}\right) + \frac{\lambda_2^2}{b_p k_2} \Gamma\left(1+\frac{1}{k_2}\right)\right] + 2\left[-\frac{\lambda_1^2}{b_p k_1} \Gamma\left(1+\frac{1}{k_1}\right) + \frac{\lambda_2^2}{b_p k_2} \Gamma\left(1+\frac{1}{k_2}\right)\right]^3;
\end{aligned}
$$

(4) X 的峰度为:

$$
\begin{aligned}
K(X) = {}& \frac{\lambda_1^5}{b_p^4 k_1} \Gamma\left(1+\frac{4}{k_1}\right) + \frac{\lambda_2^5}{b_p^4 k_2} \Gamma\left(1+\frac{4}{k_2}\right) - 4\left[-\frac{\lambda_1^2}{b_p k_1} \Gamma\left(1+\frac{1}{k_1}\right) + \frac{\lambda_2^2}{b_p k_2} \Gamma\left(1+\frac{1}{k_2}\right)\right] \\
& \cdot \left[-\frac{\lambda_1^4}{b_p^3 k_1} \Gamma\left(1+\frac{3}{k_1}\right) + \frac{\lambda_2^4}{b_p^3 k_2} \Gamma\left(1+\frac{3}{k_2}\right)\right] + 6\left[-\frac{\lambda_1^2}{b_p k_1} \Gamma\left(1+\frac{1}{k_1}\right) + \frac{\lambda_2^2}{b_p k_2} \Gamma\left(1+\frac{1}{k_2}\right)\right]^2 \\
& \cdot \left[\frac{\lambda_1^3}{b_p^2 k_1} \Gamma\left(1+\frac{2}{k_1}\right) + \frac{\lambda_2^3}{b_p^2 k_2} \Gamma\left(1+\frac{2}{k_2}\right)\right] - 3\left[-\frac{\lambda_1^2}{b_p k_1} \Gamma\left(1+\frac{1}{k_1}\right) + \frac{\lambda_2^2}{b_p k_2} \Gamma\left(1+\frac{1}{k_2}\right)\right]^4 - 3.
\end{aligned}
$$

7.2　其他分布

本节介绍另外两种在本章中用到的分布: Logistic 分布以及 Lognormal 分布.

7.2.1　Logistic 分布

定义 7.10 Logistic 分布的概率密度函数表达式为:

$$f_1(v) = \frac{\exp\left[-(v-\bar{v})/\delta\right]}{\delta\left\{1+\exp\left[-(v-\bar{v})/\delta\right]\right\}^2},$$

其中, $\delta = \sqrt{3}\sigma/\pi$ 称为 Logistic 分布的尺度参数.

推论 7.11 若随机变量 X 服从 Logistic 分布, 则其分布函数为:

$$F_1(v) = \frac{1}{1 + \exp\left[-(v - \bar{v})/\delta\right]} - \frac{1}{1 + \exp\left(-\bar{v}/\delta\right)}.$$

7.2.2 Lognormal 分布

定义 7.12 Lognormal 分布的概率密度函数为:

$$f_2(v) = \frac{1}{v\phi\sqrt{2\pi}}\exp\left\{-\frac{[\ln(v) - \lambda]^2}{2\phi^2}\right\},$$

其中, λ 和 ϕ 为确定分布所需的两个参数.

推论 7.13 若随机变量 X 服从 Lognormal 分布, 则其分布函数为:

$$F_2(v) = \frac{1}{2} + \frac{1}{2} \cdot \frac{2}{\sqrt{\pi}} \int_0^x \exp\left(-t^2\right) \mathrm{d}t.$$

7.3　损失函数

给出合适的 λ 和 k 值是双参 Weibull 分布能否对已知数据序列的分布进行较准确拟合预测的关键. 同理, 双侧 Weibull 分布的拟合优度与参数 λ_1, k_1, k_2 也有极大的相关性. 因此, 如何给出合理的参数值, 是确定 Weibull 分布性能的关键. 基于 DE 算法和 PSO 算法的 Weibull 分布在本章将被用于数据序列的概率分布拟合预测中. 具体做法是: 第 2 章中介绍的 BPSO 算法、WPSO 算法以及 QPSO 算法将被用于确定 Weibull 分布的参数, 且其收敛速度、得到的目标函数值和最终得到的参数值将与 18 种 DE 算法 (通过 9 种突变策略与 2 种交叉策略组合得到) 得到的相应结果进行比较, 以此选择出最优的参数值 (最优的评判标准可以根据实际需求确定, 通常可以采用两个标准: ① 达到相同目标函数值时, 收敛速度最快的认为最优; ② 迭代步数相同时, 目标函数值最小的认为最优). 在本章, BPSO 算法中惯性权重 ω 的值设定为区间 $(0,1)$ 之间的随机数, QPSO 算法中的 $\alpha_{\max}$ 和 $\alpha_{\min}$ 分别取为 1.0 和 5.0.

损失函数在各种参数优化算法中起着举足轻重的作用. 给出合理的损失函数, 并基于该损失函数得到最优的参数值是智能优化参数估计方法中的一个重要环节. 此外, 常见的效益函数以最大化相应表达式为目的. 事实上, 效益函数的最大化可以通过取相反数的方式转化为损失函数的最小化问题. 因此, 我们仅考虑损失函数的最小化问题.

首先我们对传统的两种用于参数优化的损失函数进行简单介绍 (以双参 Weibull 分布为例进行具体描述), 并介绍一种新的损失函数.

7.3.1　基于极大似然估计的损失函数

假设随机变量 X 服从双参 Weibull 分布, 且其采样值为 $x_1, x_2, \cdots, x_n$, 则这 n 个随机变量的采样 (假设它们是 iid.) 对应的密度函数为:

$$
\begin{aligned}
& f\left(x_1, x_2, \cdots, x_n \,|\, \lambda, k\right) \\
=\ & \prod_{i=1}^{n} f\left(x_i \,|\, \lambda, k\right) \\
=\ & \left(\frac{k}{\lambda}\right)^{n}\left(\frac{x_1}{\lambda} \cdot \frac{x_2}{\lambda} \cdots \frac{x_n}{\lambda}\right)^{k-1} \exp\left[-\left(\frac{x_1}{\lambda}\right)^{k}-\left(\frac{x_2}{\lambda}\right)^{k}-\cdots-\left(\frac{x_n}{\lambda}\right)^{k}\right].
\end{aligned}
$$

根据

$$
\begin{cases}
\frac{\partial f(x_1, x_2, \cdots, x_n \,|\, \lambda, k)}{\partial \lambda} = 0 \\
\frac{\partial f(x_1, x_2, \cdots, x_n \,|\, \lambda, k)}{\partial k} = 0
\end{cases}
$$

可知:

$$
\lambda = \left(\frac{1}{n}\sum_{i=1}^{n} x_i^k\right)^{1/k}, \tag{7.4}
$$

以及

$$
k = \left[\frac{\sum_{i=1}^{n} x_i^k \ln x_i}{\sum_{i=1}^{n} x_i^k} - \frac{\sum_{i=1}^{n} \ln x_i}{n}\right]^{1/k}. \tag{7.5}
$$

通常, 对于实际的数据序列而言, 等式 (7.5) 并不一定成立, 因为式 (7.5) 的左侧是根据实际数据序列的均值和方差求得, 而右侧是根据理论分布得知, 因此可以通过以下方式构造损失函数 (Chang, 2011):

定义 7.14 Weibull 分布基于极大似然估计的损失函数为:

$$
Loss\left(k\right) = k - \left[\frac{\sum_{i=1}^{n} x_i^k \ln x_i}{\sum_{i=1}^{n} x_i^k} - \frac{\sum_{i=1}^{n} \ln x_i}{n}\right]^{1/k}.
$$

据此可求得 Weibull 分布中的参数 k.

推论 7.15 若 Weibull 分布所对应的损失函数如定义 7.14 所示, 则 Weibull 分布中的参数 k 的值为:

$$k = \text{Arg}\left\{ \text{Min} \left\{ k - \left[\frac{\sum_{i=1}^{n} x_i^k \ln x_i}{\sum_{i=1}^{n} x_i^k} - \frac{\sum_{i=1}^{n} \ln x_i}{n} \right]^{1/k} \right\} \right\}.$$

根据等式 (7.4) 和由推论 7.15 得到的 k 值便可求得 λ 的值.

7.3.2 基于矩估计的损失函数

根据性质 7.3 可知:

$$\frac{D(X)}{[E(X)]^2} = \frac{\Gamma(1 + 2/k) - \Gamma^2(1 + 1/k)}{\Gamma^2(1 + 1/k)}. \tag{7.6}$$

通常, 对于实际的数据序列而言, 等式 (7.6) 并不一定成立, 因为式 (7.6) 的左侧是根据实际数据序列的均值和方差求得, 而右侧是根据理论分布得知, 因此可以通过以下定义构造损失函数 (Liu et al., 2011):

定义 7.16 Weibull 分布基于矩估计的损失函数为:

$$Loss(k) = \frac{\sigma^2}{\bar{X}^2} - \frac{\Gamma(1 + 2/k) - \Gamma^2(1 + 1/k)}{\Gamma^2(1 + 1/k)}.$$

据此可求得 Weibull 分布中的参数 k.

推论 7.17 若 Weibull 分布所对应的损失函数如定义 7.16 所示, 则 Weibull 分布中的参数 k 的值为:

$$k = \text{Arg}\left\{ \text{Min} \left\{ \frac{\sigma^2}{\bar{X}^2} - \frac{\Gamma(1 + 2/k) - \Gamma^2(1 + 1/k)}{\Gamma^2(1 + 1/k)} \right\} \right\}.$$

又由于

$$\lambda = \frac{E(X)}{\Gamma(1 + 1/k)}, \tag{7.7}$$

据此和由推论 7.17 得到的 k 值便可得出 λ 的值.

7.3.3 新损失函数

以上两种损失函数构造方法被频繁地用于 Weibull 分布参数优化, 能否构造其他的损失函数来优化参数呢? 倘若能构造一种新的损失函数, 其收敛速度或最终的损失函数值小于以上两种损失函数得到的对应值, 那这将是极有意义的. 为此本章介绍另外一种损失函数. 该损失函数的构造得益于二阶原点矩.

由于

$$E\left(X^2\right) = \left[E\left(X\right)\right]^2 + D\left(X\right). \tag{7.8}$$

因此, 根据性质 7.3 可知:

$$\left[E\left(X\right)\right]^2 + D\left(X\right) = \lambda^2\Gamma\left(1 + \frac{2}{k}\right). \tag{7.9}$$

类似于常用的两种损失函数方法中提到的, 等式 (7.9) 并不一定成立, 因为式 (7.9) 的左侧是根据实际数据序列的均值和方差求得, 而右侧是根据理论分布得知, 因此可以构造以下损失函数:

$$Loss\left(k\right) = \left[E\left(X\right)\right]^2 + D\left(X\right) - \lambda^2\Gamma\left(1 + \frac{2}{k}\right), \tag{7.10}$$

再将式 (7.7) 代入式 (7.10), 便得到最终的损失函数.

定义 7.18 Weibull 分布基于二阶原点矩的损失函数为:

$$Loss\left(k\right) = \left[E\left(X\right)\right]^2 + D\left(X\right) - \frac{\left[E\left(X\right)\right]^2\Gamma\left(1 + 2/k\right)}{\Gamma^2\left(1 + 1/k\right)}.$$

据此可求得 Weibull 分布中的参数 k.

推论 7.19 若 Weibull 分布所对应的损失函数如定义 7.18 所示, 则 Weibull 分布中的参数 k 的值为:

$$k = \mathrm{Arg}\left\{\mathrm{Min}\left\{\left[E\left(X\right)\right]^2 + D\left(X\right) - \frac{\left[E\left(X\right)\right]^2\Gamma\left(1 + 2/k\right)}{\Gamma^2\left(1 + 1/k\right)}\right\}\right\}.$$

根据式 (7.7) 和由推论 7.19 得到的 k 值便得出 λ 的值.

7.4 Weibull 分布拟合预测优化

本章在粒子群优化算法和微分进化算法 (其伪代码分别见算法 7.1和算法 7.2) 的基础上介绍一种 Weibull 分布拟合预测优化算法, 该新算法的伪代码如算法 7.3 所示.

算法 7.1 粒子群优化算法

输入： 粒子群方法编号

输出： 形状参数最优估计值

1: $G \leftarrow 1$;
2: **for** $i \leftarrow 1$ **to** NP **do**
3:      $Z_i(1) \leftarrow rand$;
4: **end for**
5: **while** 算法终止条件未达到 **do**
6:      **for** $i \leftarrow 1$ **to** NP **do**
7:          $L_{ibest} \leftarrow Loss(Z_i(G))$;
8:          $P_{ibest} \leftarrow Z_i(G)$;
9:      **end for**
10:      **for all** $i \in \{1, 2, \cdots, NP\}$ **do**
11:          **if** $(L_{gbest} > L_{ibest})$ **then**
12:              $L_{gbest} \leftarrow L_{ibest}$;
13:              $P_{gbest} \leftarrow Z_i(G)$;
14:          **end if**
15:      **end for**
16:      **for** $i \leftarrow 1$ **to** NP **do**
17:          **if** 粒子群方法编号==1 **then**   ▷ BPSO 算法开始
18:              $\omega \leftarrow rand$;
19:              $V_i(G+1) \leftarrow \omega \cdot V_i(G) + c_1 \cdot rand \cdot [P_{ibest} - Z_i(G)] + c_2 \cdot rand \cdot [P_{gbest} - Z_i(G)]$;
20:              $Z_i(G+1) \leftarrow Z_i(G) + V_i(G+1)$;
21:          **else if** 粒子群方法编号==2 **then**   ▷ WPSO 算法开始
22:              **if** $Loss_{gbest}$ 不变 **then**
23:                  $\omega \leftarrow 1 - 0.5 \cdot rand$;
24:              **else**
25:                  $\omega \leftarrow rand$;
26:              **end if**
27:              $V_i(G+1) \leftarrow \omega \cdot V_i(G) + c_1 \cdot rand \cdot [P_{ibest} - Z_i(G)] + c_2 \cdot rand \cdot [P_{gbest} - Z_i(G)]$;
28:              $Z_i(G+1) \leftarrow Z_i(G) + V_i(G+1)$;
29:          **else**   ▷ QPSO 算法开始
30:              **for** $d \leftarrow 1$ **to** D **do**
31:                  $q_{id} \leftarrow \phi \cdot P_{ibest,d} + (1 - \phi) \cdot P_{gbest,d}$;
32:                  $\alpha \leftarrow (\alpha_{\max} - \alpha_{\min}) \cdot (iteration - G)/iteration + \alpha_{\min}$;
33:                  $z_{id} \leftarrow q_{id} \pm \alpha \cdot |mbest_d - z_{id}| \cdot \ln(1/u)$;
34:              **end for**
35:          **end if**
36:      **end for**
37:      $G \leftarrow G + 1$;
38: **end while**
39: **return** P_{gbest}.

算法 7.2 微分进化算法

输入: 突变方法编号, 交叉方法编号
输出: 形状参数最优估计值

1: $G \leftarrow 1$;
2: **for** $i \leftarrow 1$ **to** NP **do**
3: 　　$Z_i^1 \leftarrow rand$;
4: **end for**
5: **while** 算法终止条件未达到 **do**
6: 　　**for** $i \leftarrow 1$ **to** NP **do**
7: 　　　　$L_{ibest} \leftarrow Loss\left(Z_i^G\right)$;
8: 　　　　$P_{ibest} \leftarrow Z_i^G$;
9: 　　**end for**
10: 　　**for all** $i \in \{1, 2, \cdots, NP\}$ **do**
11: 　　　　**if** $(L_{gbest} > L_{ibest})$ **then**
12: 　　　　　　$L_{gbest} \leftarrow L_{ibest}$;
13: 　　　　　　$P_{gbest} \leftarrow Z_i^G$;
14: 　　　　**end if**
15: 　　**end for**
16: 　　**for** $i \leftarrow 1$ **to** NP **do**
17: 　　　　**if** 突变方法编号==1 **then** 　　　　　　　　　　▷ 微分进化突变操作开始
18: 　　　　　　执行突变策略 1;
19: 　　　　**else if** 突变方法编号==2 **then**
20: 　　　　　　执行突变策略 2;
21: 　　　　**else if** 突变方法编号==3 **then**
22: 　　　　　　执行突变策略 3;
23: 　　　　**else if** 突变方法编号==4 **then**
24: 　　　　　　执行突变策略 4;
25: 　　　　**else if** 突变方法编号==5 **then**
26: 　　　　　　执行突变策略 5;
27: 　　　　**else if** 突变方法编号==6 **then**
28: 　　　　　　执行突变策略 6;
29: 　　　　**else if** 突变方法编号==7 **then**
30: 　　　　　　执行突变策略 7;
31: 　　　　**else if** 突变方法编号==8 **then**
32: 　　　　　　执行突变策略 8;
33: 　　　　**else**
34: 　　　　　　执行突变策略 9;
35: 　　　　**end if**
36: 　　　　**for** $j \leftarrow 1$ **to** D **do**
37: 　　　　　　**if** 输入的微分进化交叉方法编号==1 **then** 　　▷ 微分进化交叉操作开始
38: 　　　　　　　　执行二项交叉操作;
39: 　　　　　　**else**
40: 　　　　　　　　执行指数交叉操作;
41: 　　　　　　**end if**
42: 　　　　**end for**
43: 　　　　执行选择操作; 　　　　　　　　　　　　　　　　▷ 微分进化选择操作开始
44: 　　**end for**
45: 　　$G \leftarrow G + 1$;
46: **end while**
47: **return** P_{gbest}.

算法 7.3 基于人工智能参数优化方法的 Weibull 分布

输入： 目标函数编号, 突变方法编号, 交叉方法编号, 粒子群方法编号, x_i $(i = 1, 2, \cdots, n)$
输出： 形状参数以及尺度参数最优估计值

1: **if** 目标函数编号==1 **then**
2: $\quad Loss\,(k) \leftarrow k - \left[\sum_{i=1}^{n} x_i^k \ln x_i / \sum_{i=1}^{n} x_i^k - \sum_{i=1}^{n} \ln x_i / n\right]^{1/k}$;
3: **else if** 目标函数编号==2 **then**
4: $\quad Loss\,(k) \leftarrow \sigma^2 / \bar{X}^2 - \left(\Gamma\,(1 + 2/k) - \Gamma^2\,(1 + 1/k)\right) / \Gamma^2\,(1 + 1/k)$;
5: **else**
6: $\quad Loss\,(k) \leftarrow [E\,(X)]^2 + D\,(X) - [E\,(X)]^2\,\Gamma\,(1 + 2/k) / \Gamma^2\,(1 + 1/k)$;
7: **end if**
8: 执行粒子群优化算法或微分进化算法, 并将 $k \leftarrow$ 相应返回值;
9: **if** 目标函数编号==1 **then**
10: $\quad \lambda \leftarrow \left(\sum_{i=1}^{n} x_i^k / n\right)^{1/k}$;
11: **else**
12: $\quad \lambda \leftarrow \bar{X} / \Gamma\,(1 + 1/k)$;
13: **end if**
14: **return** k, λ.

7.5 实例应用

7.5.1 实例数据

为了验证本章介绍的基于人工智能优化算法的 Weibull 分布拟合预测优化模型在概率密度函数拟合预测方面的有效性, 采用内蒙古地区某站点 2009－2011 年的实际风速值, 对其概率分布进行拟合预测. 该实际风速序列的实际均值、标准差、偏度以及峰度的相关情况如表 7.1 所示.

表 7.1 风速数据的基本统计属性描述

时间	均值	标准差	偏度	峰度
1 月	8.9439	1.9704	−0.512	0.526
2 月	10.2558	2.6717	0.374	−0.248
3 月	8.6957	1.8471	0.198	−0.188
4 月	8.2298	2.0910	0.670	0.530
5 月	7.4566	1.8862	−0.288	−0.252
6 月	7.5508	1.9052	0.712	1.144
7 月	7.8993	2.0251	0.027	−0.407
8 月	9.6786	2.3573	−0.071	−0.379
9 月	9.5821	2.3878	0.178	0.188
10 月	9.5605	2.5014	0.373	−0.361
11 月	9.6972	2.6589	−0.049	−0.674
12 月	8.7084	2.0899	0.196	0.003
全年	8.8444	2.3738	0.338	0.067

从表 7.1 可以看出, 该站点 2 月份的平均风速最大, 5 月份的最小; 2 月份的风速数据的标准差最大, 即该月的风速与平均风速之间的偏差最大; 3 月份的数据标准差最小. 此外, 该站点 6 月份的风速数据偏度最大, 而 1 月、4 月、6 月、9 月、12 月以及全年的风速数据的分布比标准正态分布更为陡峭, 为尖顶峰.

7.5.2　实例模拟流程

仅通过风速数据的基本数字特征来衡量风速的属性远不够, 可通过对风速的分布进行拟合, 来获取更多的信息. 本章通过双参 Weibull 分布来对风速的分布进行模拟研究, 并将其效果与 Logistic 分布、Lognormal 分布的拟合效果进行对比. 图 7.1 给出了本章使用的概率密度拟合及选取流程图.

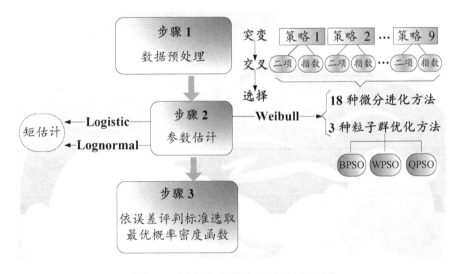

图 7.1　概率密度拟合及选取流程图

7.5.3　形状参数估计结果

7.5.3.1　粒子群优化算法的估计结果

首先, 采用 3 种粒子群优化算法对形状参数进行估计, 并采用以下两类条件其一作为粒子群优化算法的迭代终止条件: ① 目标函数拟合精度达到 1×10^{-5}; ② 迭代步数达到 50. 在这两类条件下, 3 种粒子群优化算法的模拟结果分别如表 7.2 和表 7.3 所示. 需要注意的是, QPSO 算法的使用前提是最大迭代步数必须已知. 因此, 当算法的终止条件为目标函数拟合精度达到 1×10^{-5} 时, 该算法将无法继续使用, 因此表 7.2 仅给出另外两种粒子群算法的相关结果.

表 7.2　拟合优度达到 1×10^{-5} 时, 不同粒子群优化算法的模拟结果

时间	BPSO			WPSO		
	最小迭代步数	k	拟合优度 $(\times 10^{-6})$	最小迭代步数	k	拟合优度 $(\times 10^{-6})$
1 月	29	5.2172	6.0542	21	5.2175	1.7934
2 月	28	4.3412	6.3340	24	4.3408	3.7623
3 月	50	5.4290	7.1916	26	5.4290	6.5053
4 月	43	4.4622	1.7391	17	4.4622	3.3368
5 月	31	4.4836	3.6284	19	4.4835	5.4070
6 月	54	4.4965	1.0514	18	4.4961	9.6330
7 月	88	4.4184	1.8565	22	4.4180	7.2239
8 月	38	4.6744	3.0458	17	4.6749	9.3189
9 月	50	4.5584	1.8726	20	4.5583	0.1790
10 月	42	4.3205	5.0785	16	4.3200	7.7823
11 月	43	4.1024	4.5689	14	4.1027	3.7711
12 月	42	4.7513	9.2880	24	4.7505	8.7104
全年	50	4.2007	8.1431	15	4.2006	4.5387

表 7.3　最大迭代步数达到 50 时, 不同粒子群优化算法的模拟结果

时间	BPSO		WPSO		QPSO	
	k	拟合优度 $(\times 10^{-6})$	k	拟合优度 $(\times 10^{-8})$	k	拟合优度 $(\times 10^{-10})$
1 月	5.2174	2.8315	5.2176	0.1586	5.2176	0.3651
2 月	4.3408	2.9134	4.3409	0.7320	4.3409	0.0872
3 月	5.4296	1.8608	5.4295	1.5120	5.4295	0.0926
4 月	4.4620	2.5735	4.4621	1.0433	4.4621	0.0401
5 月	4.4838	0.5046	4.4838	0.1898	4.4838	0.2381
6 月	4.4964	1.9653	4.4964	0.0651	4.4964	0.0183
7 月	4.4183	0.2005	4.4183	0.0439	4.4183	0.1014
8 月	4.6742	7.3031	4.6745	0.0437	4.6745	0.8759
9 月	4.5585	4.4822	4.5583	0.4090	4.5583	0.0230
10 月	4.3202	3.3872	4.3203	0.0703	4.3203	0.0348
11 月	4.1026	0.3628	4.1025	0.2473	4.1025	0.0541
12 月	4.7505	7.6569	4.7509	0.0121	4.7509	0.0002
全年	4.2005	2.0268	4.2004	0.0403	4.2004	1.7107

从表 7.2 和表 7.3 可以看出, 尽管由 3 种粒子群优化算法得到的最优形状参数值差异很小, 但 WPSO 和 QPSO 相比 BPSO 的搜寻效果更佳, 即它们需要更少的迭代步数或者是在迭代步数相同的情况下, 能达到更精确的拟合值. 此外, 当将算法终止

条件为迭代步数达到 50 时, 对于绝大多数月份来说, QPSO 的拟合精度最高, 但这种较高的精度并不是对于所有月份都成立, 因此, 应根据实际需求选取最优的优化算法.

7.5.3.2　微分进化算法的估计结果

接下来, 对微分进化算法在参数估计方面的效果进行模拟分析. 在微分进化算法中, 交叉常数 CR 需提前确定, 不同的 CR 值将产生不同的模拟效果. 表 7.4 和表 7.5 分别给出了 $CR = 1$ 以及 $CR = 0.5$ 两种不同取值下, 算法终止条件为拟合优度达到 1×10^{-5} 时 18 种微分进化算法的最小迭代步数.

表 7.4　$CR = 1$, 拟合优度达到 1×10^{-5} 时 18 种微分进化算法的最小迭代步数

突变	交叉	最小迭代步数												
		1 月	2 月	3 月	4 月	5 月	6 月	7 月	8 月	9 月	10 月	11 月	12 月	全年
策略 1	二项	20	19	14	18	16	18	20	16	19	23	9	16	3
	指数	20	16	18	9	16	14	20	13	8	14	8	17	18
策略 2	二项	8	5	9	10	7	12	16	13	15	7	9	16	9
	指数	11	13	12	10	13	14	12	15	11	16	10	14	9
策略 3	二项	13	14	9	10	11	15	6	15	11	18	7	14	13
	指数	11	12	10	13	8	15	8	15	11	10	20	15	16
策略 4	二项	21	16	16	21	17	18	14	16	23	13	16	17	14
	指数	15	22	17	18	21	18	18	13	15	14	9	21	21
策略 5	二项	22	20	20	15	18	23	12	17	20	8	20	19	16
	指数	22	15	21	22	12	14	20	21	20	15	20	23	20
策略 6	二项	23	17	14	32	29	29	26	14	28	29	19	23	26
	指数	19	35	27	20	24	27	22	16	29	28	25	32	26
策略 7	二项	28	22	27	11	21	19	23	15	22	25	19	31	25
	指数	25	20	27	18	18	25	9	24	20	20	12	24	21
策略 8	二项	25	32	63	27	24	21	23	29	24	20	24	26	21
	指数	28	22	17	14	21	23	27	45	24	25	20	32	30
策略 9	二项	18	20	15	19	18	21	21	10	19	15	21	17	17
	指数	17	20	15	16	21	23	21	14	21	20	16	17	20

从表 7.4 和表 7.5 可以看出, 交叉常数越小, 达到相同拟合精度所需的迭代步数越多. 两种不同交叉常数取值下, 突变方法选择 "策略 7", 而交叉方法选择"指数交叉"便是对这一现象很好的诠释. 因此, 在实际操作中, 可根据需要尽量选取较大的交叉常数以加快搜寻速度. 此外, 还观察到, 在交叉常数具有倍数的关系下, 对应的最小迭代步数并没有相应的倍数关系. 类似地, 表 7.6 给出了算法终止条件为最大迭代步数达到 50, $CR = 1$ 时 18 种微分进化算法在奇数月份和全年的拟合优度.

表 7.5 $CR = 0.5$, 拟合优度达到 1×10^{-5} 时 18 种微分进化算法的最小迭代步数

突变	交叉	最小迭代步数												
		1月	2月	3月	4月	5月	6月	7月	8月	9月	10月	11月	12月	全年
策略 1	二项	5	23	39	42	41	37	33	32	31	37	30	26	37
	指数	70	97	28	89	86	58	106	29	23	35	54	73	56
策略 2	二项	4	15	23	25	25	32	24	22	24	23	40	29	34
	指数	46	6	25	70	60	49	37	31	37	55	43	61	59
策略 3	二项	27	33	15	17	25	29	28	29	30	25	22	30	14
	指数	6	19	37	32	30	29	33	35	35	51	34	33	21
策略 4	二项	39	39	50	40	41	29	26	37	34	33	26	38	23
	指数	76	89	55	100	61	48	66	114	138	71	96	48	119
策略 5	二项	37	38	42	47	46	43	37	38	40	41	29	46	35
	指数	48	77	37	51	40	98	47	34	78	69	63	87	62
策略 6	二项	41	42	22	65	59	37	39	59	38	63	72	50	22
	指数	93	62	67	66	63	53	88	75	65	106	53	70	86
策略 7	二项	46	64	40	38	38	37	35	39	35	40	44	36	64
	指数	428	213	281	170	92	73	145	233	153	460	96	190	212
策略 8	二项	46	57	31	43	61	70	51	63	61	42	51	48	68
	指数	98	103	44	100	76	170	165	431	153	283	79	116	202
策略 9	二项	36	33	46	23	39	34	41	39	27	37	28	35	28
	指数	67	32	64	41	68	89	80	15	99	103	64	107	65

表 7.6 最大迭代步数达到 50, $CR = 1$ 时 18 种微分进化算法的拟合优度

突变	交叉	拟合优度						
		1月	3月	5月	7月	9月	11月	全年
策略 1	二项 ($\times 10^{-9}$)	0.1573	0.1070	1.2493	0.2927	2.2147	0.1207	0.3497
	指数 ($\times 10^{-9}$)	0.0288	0.0281	0.5038	0.3234	0.5759	0.1450	0.0595
策略 2	二项 ($\times 10^{-12}$)	0.8157	0.0147	0.0582	0.0456	0.1093	0.5338	0.2491
	指数 ($\times 10^{-12}$)	0.0692	0.9403	0.1646	0.3278	0.0159	0.4241	0.0245
策略 3	二项 ($\times 10^{-12}$)	0.0818	0.1490	0.0130	0.0542	0.1200	0.1018	5.9767
	指数 ($\times 10^{-12}$)	1.0958	1.6932	0.0257	0.0738	0.1136	0.0511	0.2150
策略 4	二项 ($\times 10^{-9}$)	0.2092	0.2356	0.4212	0.0096	3.6355	0.7823	0.2330
	指数 ($\times 10^{-9}$)	0.5701	0.6607	0.2526	0.2946	0.8931	0.4739	0.0827
策略 5	二项 ($\times 10^{-8}$)	0.0116	0.0697	0.0199	0.0758	0.2862	0.0149	0.0008
	指数 ($\times 10^{-8}$)	0.0073	0.0141	0.0123	0.0015	0.0002	0.1335	0.0004
策略 6	二项 ($\times 10^{-7}$)	0.1539	2.2850	0.9624	0.1522	0.8490	0.1271	1.2156
	指数 ($\times 10^{-7}$)	1.3920	0.0901	0.6177	0.4300	0.5155	0.5847	0.2196
策略 7	二项 ($\times 10^{-7}$)	0.0445	0.0898	0.0315	0.0118	0.0169	0.0175	0.0029
	指数 ($\times 10^{-7}$)	0.1461	1.3403	0.1595	0.0469	0.0195	0.0085	0.0123
策略 8	二项 ($\times 10^{-6}$)	0.1829	0.0136	0.0631	0.0563	0.9170	0.4209	0.0070
	指数 ($\times 10^{-6}$)	0.2409	0.0708	0.0026	0.5867	0.1287	0.0531	0.0071
策略 9	二项 ($\times 10^{-9}$)	0.7274	9.8622	0.0265	0.1521	0.0002	0.0671	0.0211
	指数 ($\times 10^{-9}$)	0.5127	0.0034	0.7093	0.4501	0.0018	0.0968	0.0125

从表 7.6 可以看出, 当突变方法选择 "策略 2" 或 "策略 3" 时, 拟合精度相对高于其他突变策略下的拟合精度.

7.5.3.3　最优参数估计结果

通过查阅文献发现, 很多学者, 诸如刘飞等 (刘飞等, 2007) 都将目标函数的拟合精度达到 1×10^{-3} 作为算法终止条件. 为了得到更准确的拟合结果, 本章节在确定最终最优参数估计结果时, 选取目标函数的拟合精度达到 1×10^{-5} 作为算法终止条件.

此外, 对于不同时间段的最优参数的选择都是将 3 种粒子群优化算法以及 18 种微分进化算法的结果进行对比, 达到算法终止条件时, 所需迭代步数最少的算法得到的参数值作为最终参数值. 图 7.2 给出了确定各个时间段的最终最优参数估计值的相应最优算法.

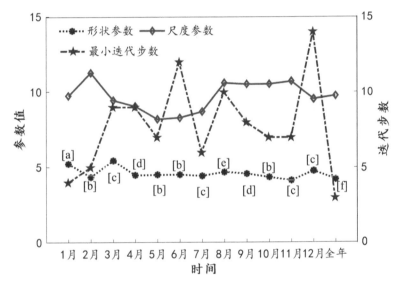

图 7.2　确定各个时间段的最终最优参数估计值的相应最优算法

图 7.2 中, "[a]", "[b]", "[c]", "[d]", "[e]" 和 "[f]" 分别代表最优参数值分别是通过 "策略 2 突变 & 二项交叉 & $CR = 0.5$", "策略 2 突变 & 二项交叉 & $CR = 1$", "策略 3 突变 & 二项交叉 & $CR = 1$", "策略 1 突变 & 指数交叉 & $CR = 1$", "策略 9 突变 & 二项交叉& $CR = 1$" 以及 "策略 1 突变 & 二项交叉 & $CR = 1$" 参数优化算法得到. 由最优形状参数的估计值得到的尺度参数的估计值以及最小迭代步数也

可通过图 7.2 观察到. 从图 7.2 可以看出, 所有的最优形状参数值均是通过微分进化算法得到, 且通过 "策略 2 突变 & 二项交叉 & $CR = 1$" 与 "策略 3 突变 & 二项交叉 & $CR = 1$" 优化算法得到的最优参数值个数最多. 此外, 所有的最优形状参数估计值均分布在 5 左右, 尺度参数估计值均大于形状参数估计值, 且对于全年风速数据来说, 得到最优形状参数的迭代步数还不足 5 步, 可见速度之快.

7.5.4 概率分布拟合结果

得到参数的估计值之后, 接下来通过双参 Weibull 分布来对风速的分布进行模拟研究, 并将其效果与 Logistic 分布、Lognormal 分布的拟合效果进行对比研究. 首先, 对位于各区间的风速数据的频数进行了统计. 图 7.3 给出了各月份位于各区间的风速数据的频数.

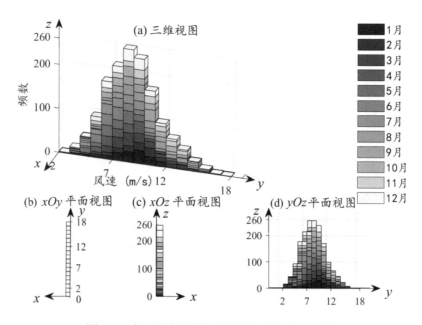

图 7.3   各月份位于各区间的风速数据的频数

从图 7.3 (a) 可以看出, 该站点的风速数据可共分为 16 个区间: $[2, 3)$, $[3, 4)$, $\cdots$, $[17, 18)$, 且位于区间 $[8, 9)$ 的风速数据最多, 位于区间 $[9, 10)$ 的次之, 而位于区间 $[17, 18)$ 的风速数据最少. 图 7.3 (b) 是图 7.3 (a) 的 xOy 平面视图, 该图表明 16 个区间中均包含第 12 个月的风速数据. 图 7.3 (d) 是图 7.3 (a) 的 yOz 平面视图, 该图表明位于

区间 $[8, 9)$ 的风速频数最大, 接近于 260, 而位于区间 $[17, 18)$ 的风速频数最小, 接近于 0.

根据图 7.3 可以得到风速数据的频率. 接下来根据该频率值, 使用本章提到的 3 种概率密度函数对风速数据的分布进行拟合. 图 7.4 给出了 2 月 (冬季月份)、5 月 (春季月份)、8 月 (夏季月份) 以及 11 月 (秋季月份) 这 4 个月份风速的概率密度函数和分布函数拟合结果. 从图 7.4 (a)−(d) 可以看出, 这 4 个月份分别位于区间 $[10, 11)$, $[8, 9)$, $[8, 9)$, $[9, 10)$ 的风速频率最大.

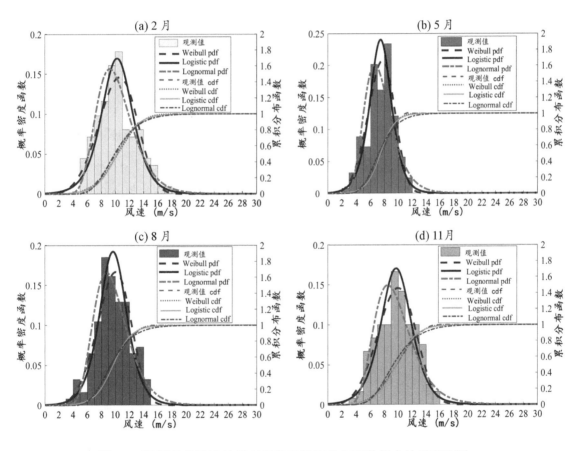

图 7.4　不同月份风速的概率密度函数和分布函数拟合结果对比图

除月风速概率密度函数的拟合之外, 对全年的风速数据进行概率密度拟合也是极其重要的一个方面. 图 7.5 给出了全年风速的概率密度函数和分布函数拟合结果示意图. 与 5 月和 8 月相同, 全年风速中位于区间 $[8, 9)$ 的概率最大.

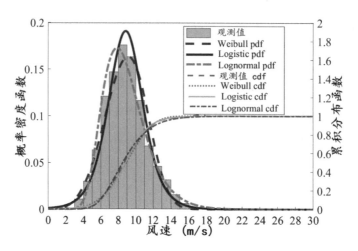

图 7.5   全年风速的概率密度函数和分布函数拟合结果

由于通过图形只能观察到 3 种概率密度函数的大致拟合效果, 所以, 接下来对各种概率密度函数的拟合精度通过数值来进行评估. 本章节通过 MRE、CSE、RMSE 这几种误差评判准则对各密度函数的拟合预测误差进行评估. 由于 CSE 误差实际为 $(x_i^o - x_i^c)^2$ 与 x_i^c 的比值的一种平均, 受此启发, 可以构造一种新的拟合优度衡量标准, 该标准是对 $(x_i^o - x_i^c)^2$ 相对于实际观测值 x_i^o 的变化的一种衡量. 由于其跟卡方误差特别类似, 故将其命名为类卡方误差 (SCSE):

$$\mathrm{SCSE} = \sum_{i=1}^{n} \frac{(x_i^o - x_i^c)^2}{x_i^o}.$$

表 7.7 给出了 3 种概率密度函数在 MRE、CSE、SCSE、RMSE 这四种误差评判准则下的拟合误差. 从表 7.7 可以看出, 当使用 MRE 或 SCSE 作为误差评判准则时, 存在一些无法计算的值, 这是由于一旦数据序列 $\{x_{oi}\}_{i=1}^{n}$ 中有零值出现, 将导致这两个变量的分母为 0, 从而导致这两个变量的定义无意义. 类似地, 当数据序列 $\{x_{ci}\}_{i=1}^{n}$ 中有零值出现时, 将导致 CSE 变量的分母为 0, 从而导致 CSE 的定义无意义.

表 7.7 的结果表明, 通过本章节的基于人工智能优化算法的 Weibull 分布的 MRE 值在 5 月以及 7 月小于其他两种概率分布的相应值, 除在 2 月、4 月以及 12 月由 Logistic 分布得到的 MRE 值比其他两种分布得到的值更小之外, 在其他月份以及全年, Lognormal 分布的 MRE 值最小. 当选取其他 3 种误差评判准则, 即 CSE, SCSE

以及 RMSE 时, 情况是类似的: 在某些月份 Weibull 分布的拟合效果最佳, 在其他月份, 拟合效果最佳的却是 Logistic 分布或者 Lognormal 分布.

表 7.7　3 种概率密度函数在 4 种误差评判准则下的拟合误差

时间	MRE			CSE		
	Weibull	Logistic	Lognormal	Weibull	Logistic	Lognormal
1 月	0.3995	0.3353	0.6762	0.0627	0.0652	0.3609
2 月	0.2803	0.2881	0.2459	0.0952	0.0973	0.0667
3 月	0.3869	0.2197	0.2518	0.0670	0.0319	0.2075
4 月	1.0433	0.7923	0.7118	0.4016	0.2480	0.1922
5 月	0.2134	0.2512	0.3661	0.0535	0.0871	0.1774
6 月	—*	—	—	3.1385	0.1324	0.3173
7 月	0.1369	0.2040	0.2432	0.0252	0.0538	0.0692
8 月	0.3043	0.2850	0.3932	0.0767	0.0959	0.2118
9 月	0.4460	0.3611	0.3768	0.1738	0.1129	0.1719
10 月	—	—	—	0.1246	0.1326	0.0659
11 月	0.2210	0.2079	0.2772	0.0372	0.0821	0.0969
12 月	0.5190	0.3746	0.3376	0.1070	0.0699	0.2020
全年	0.5227	0.4192	0.6245	0.0693	0.0294	0.0520

时间	SCSE			RMSE		
	Weibull	Logistic	Lognormal	Weibull	Logistic	Lognormal
1 月	0.0830	0.0565	0.2446	0.0190	0.0170	0.0395
2 月	0.0949	0.0977	0.0592	0.0242	0.0231	0.0200
3 月	0.0706	0.0309	0.0246	0.0229	0.0156	0.0113
4 月	0.5142	0.3037	0.2928	0.0384	0.0369	0.0363
5 月	0.0606	0.0888	0.1726	0.0272	0.0334	0.0434
6 月	—	—	—	0.0302	0.0237	0.0144
7 月	0.0226	0.0487	0.0539	0.0178	0.0251	0.0228
8 月	0.0837	0.0702	0.0980	0.0218	0.0216	0.0211
9 月	0.1414	0.0858	0.1395	0.0270	0.0229	0.0313
10 月	—	—	—	0.0271	0.0307	0.0180
11 月	0.0375	0.0639	0.0822	0.0149	0.0205	0.0244
12 月	0.1276	0.0745	0.0861	0.0234	0.0198	0.0275
全年	0.0552	0.0373	0.0454	0.0130	0.0103	0.0112

* 无法计算的值.

在表 7.7 中, 将 3 种概率密度函数进行了 13 次 (12 个月外加全年) 对比, 因此, 在每一种固定的误差评判准则下, 每个时间段均有 3 个误差值. 将 3 个误差值中的最小及最大者分别标记为 "S" 以及 "L", 剩下的一个标记为 "M", 则 3 种概率密度函数的综合拟合效果如图 7.6 所示.

从图 7.6 可以看出, 当误差评判准则选取 MRE 时, Weibull 分布、Logistic 分布以

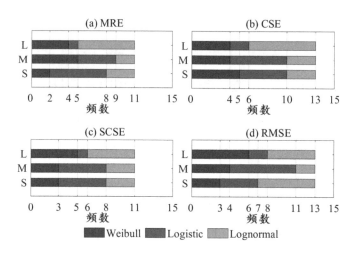

图 7.6   不同误差评判标准下 3 种概率密度函数出现的频数

及 Lognormal 分布的拟合效果最佳的频数分别为 2、6、3; 当误差评判准则选取 CSE 时, Weibull 分布、Logistic 分布以及 Lognormal 分布的拟合效果最佳的频数分别为 5、5、3; 当误差评判准则选取 SCSE 时, Weibull 分布、Logistic 分布以及 Lognormal 分布的拟合效果最佳的频数分别为 3、5、3; 当误差评判准则选取 RMSE 时, Weibull 分布、Logistic 分布以及 Lognormal 分布的拟合效果最佳的频数分别为 3、4、6.

7.6   阅读材料

常见的 Weibull 分布的参数点估计方法包括极大似然估计法 (Lemon, 1975)、双线性回归估计法 (庄渭峰, 1999)、相关系数优化法 (傅惠民 与 高镇同, 1990; 史景钊 与 蒋国良, 1995)、概率权重矩法 (张秀之, 1994; 邓建 等, 2004)、灰色估计法 (郑荣跃 与 秦子增, 1989)、矩估计法 (胡文中, 1997) 和贝叶斯估计法 (刘飞 等, 2007) 等.

为了评估某站点的风能可利用度, 需对该站点的风的属性和特征进行统计研究, 而风速的概率分布是其重要特征之一. 如 Zhou 等人 (Zhou et al., 2010) 采用 5 种概率密度函数: Weibull 分布、Rayleigh 分布、Gamma 分布、Lognormal 分布、Inverse Gaussian 分布对美国北达科他州某站点的风速分布进行了研究; Brano 等人 (Brano et al., 2011) 使用 Pearson type V 分布和 Burr 分布对意大利南部某站点的风速分布进行了研究; Kiss 和 Jánosi (Kiss & Jánosi, 2008) 测试了 binormal 分布对欧洲风速数据分布描述方面的效用; Jaramillo 和 Borja (Jaramillo & Borja, 2004) 利用 bimodal Weibull & Weibull 分布对莫斯科某地区的风速分布进行了分析; Kantar 和 Usta (Kantar & Usta, 2008) 采用 minimum cross entropy 概率密度函数对某站点的风速分布进行了研究.

参考文献

[1] 邓建, 古德生, 李夕兵. 确定可靠性分析 Weibull 分布参数的概率加权矩法 [J]. 计算力学学报, 2004, 21 (5): 609-613.

[2] 傅惠民, 高镇同. 确定威布尔分布三参数的相关系数优化法 [J]. 航空学报, 1990, 11 (7): 323-327.

[3] 胡文中. 用矩法估算 Weibull 分布三参数 [J]. 太阳能学报, 1997, 17: 348-452.

[4] 刘飞, 王祖尧, 窦毅芳, 等. 基于 Gibbs 抽样算法的三参数威布尔分布 Bayes 估计 [J]. 机械强度, 2007, 29 (3): 429-432.

[5] 史景钊, 蒋国良. 用相关系数法估计威布尔分布的位置参数 [J]. 河南农业大学学报, 1995, 29: 167-171.

[6] 张秀之. 概率权重矩法及其在 Weibull 分布参数估计中的应用 [J]. 海洋预报, 1994, 11: 56-61.

[7] 郑荣跃, 秦子增. Weibull分布参数估计的灰色方法 [J]. 强度与环境, 1989, 2: 34-40.

[8] 庄渭峰. 用微机实现威布尔参数的双线性回归最小二乘估计 [J]. 电子产品可靠性与环境试验, 1999, 5: 2-7.

[9] Brano V L, Orioli A, Ciulla G, et al. Quality of wind speed fitting distributions for the urban area of Palermo, Italy [J]. Renewable Energy, 2011, 36 (3): 1026-1039.

[10] Chang T P. Wind energy assessment incorporating particle swarm optimization method [J]. Energy Conversion & Management, 2011, 52 (3): 1630-1637.

[11] Jaramillo O A, Borja M A. Wind speed analysis in La Ventosa, Mexico: a bimodal probability distribution case [J]. Renewable Energy, 2004, 29 (10): 1613-1630.

[12] Kantar Y M, Usta I. Analysis of wind speed distributions: Wind distribution function derived from minimum cross entropy principles as better alternative to Weibull function [J]. Energy Conversion & Management, 2008, 49 (5): 962-973.

[13] Kiss P, Jánosi I M. Comprehensive empirical analysis of ERA-40 surface wind speed distribution over Europe [J]. Energy Conversion & Management, 2008, 49 (8): 2142-2151.

[14] Lemon G H. Maximum likelihood estimations for the three parameters Weibull distribution based on censored samples [J]. Technometrics, 1975, 17 (2): 247-254.

[15] Liu F J, Chen P H, Kuo S S, et al. Wind characterization analysis incorporating genetic algorithm: A case study in Taiwan Strait [J]. Energy, 2011, 36 (5): 2611-2619.

[16] Zhou J Y, Erdem E, Li G, et al. Comprehensive evaluation of wind speed distribution models: A case study for North Dakota sites [J]. Energy Conversion & Management, 2010, 51 (7): 1449-1458.

第 8 章　双侧截尾正态分布拟合预测优化模型及其应用

本章将在概率分布拟合预测误差和双侧截尾正态分布的基础上, 介绍双侧截尾正态分布拟合预测优化模型.

8.1　双侧截尾正态分布

首先给出正态分布的定义, 并在此基础上, 依据截尾分布函数构造定理, 构造截尾正态分布.

8.1.1　一元正态分布

定义 8.1　若一维随机变量 X 的密度函数为

$$g\left(x|\mu,\sigma\right) = \frac{1}{\sqrt{2\pi}\sigma}\exp\left[-\frac{(x-\mu)^2}{2\sigma^2}\right],$$

其中, $\mu \in \mathrm{R}$, $\sigma > 0$, 则称 X 服从一元正态分布, 简记为 $X \sim N\left(\mu, \sigma^2\right)$.

8.1.2　多元正态分布

定义 8.2　若 n 维随机变量 $\boldsymbol{X} = (X_1, X_2, \cdots, X_n)$ 的密度函数为

$$g\left(\boldsymbol{x}|\boldsymbol{\mu}, \boldsymbol{\Sigma}\right) = \frac{1}{(2\pi)^{n/2}|\boldsymbol{\Sigma}|^{1/2}}\exp\left[-\frac{1}{2}\left(\boldsymbol{x}-\boldsymbol{\mu}\right)^T\boldsymbol{\Sigma}^{-1}\left(\boldsymbol{x}-\boldsymbol{\mu}\right)\right],$$

其中, $\boldsymbol{x} = (x_1, x_2, \cdots, x_n)$, $\boldsymbol{\mu} \in \mathbf{R}^n$, $\boldsymbol{\Sigma}$ 为 n 阶正定阵, 则称 $\boldsymbol{X}$ 服从 n 元正态分布, 简记为 $\boldsymbol{X} \sim N_n\left(\boldsymbol{\mu}, \boldsymbol{\Sigma}\right)$.

尽管正态分布被应用于很多领域, 但是对于某些取值被限定在一定范围内的变量, 用正态分布去拟合其概率分布, 效果并不理想. 因此, 引进截尾正态分布.

8.1.3　截尾正态分布

为得到截尾正态分布, 首先来看截尾分布构造理论.

8.1.3.1 截尾分布构造理论

引理 8.3 若随机变量 X 的分布函数为 $F_X(x)$, 则可通过如下截尾分布函数构造方法构造取值范围为 (a,b) 的双侧截尾分布函数:

$$F_X(x|a<X<b) = \begin{cases} 0, & x \leqslant a \\ \frac{F_X(x)-F_X(a)}{F_X(b)-F_X(a)}, & a<x<b \\ 1, & x \geqslant b \end{cases},$$

其中, a,b 分别称为左截尾点和右截尾点.

据此, 有以下结论:

推论 8.4 若随机变量 X 的密度函数和分布函数分别为 $f_X(x)$ 和 $F_X(x)$, 则通过引理 8.3 构造的双侧截尾分布的密度函数为:

$$f_X(x|a<X<b) = \begin{cases} \frac{f_X(x)}{F_X(b)-F_X(a)}, & a<x<b \\ 0, & 其他 \end{cases}.$$

8.1.3.2 双侧截尾正态分布

定义 8.5 若随机变量 X 服从左、右截尾点分别为 a, b 的双侧截尾正态分布 $N^{a,b}(\mu,\sigma^2)$, 则其密度函数为:

$$g(x|\mu,\sigma,a,b) = \begin{cases} \frac{\psi(x|\mu,\sigma)}{\Psi(b|\mu,\sigma)-\Psi(a|\mu,\sigma)}, & a<x<b \\ 0, & 其他 \end{cases},$$

其中, $\psi(\cdot|\mu,\sigma)$ 和 $\Psi(\cdot|\mu,\sigma)$ 分别为无截尾正态分布 $N(\mu,\sigma^2)$ 的密度函数和分布函数, 即

$$\psi(x|\mu,\sigma) = \frac{1}{\sqrt{2\pi}\sigma} \exp\left[-\frac{(x-\mu)^2}{2\sigma^2}\right],$$

$$\Psi(x|\mu,\sigma) = \frac{1}{\sqrt{2\pi}\sigma} \int_{-\infty}^{x} \exp\left[-\frac{(t-\mu)^2}{2\sigma^2}\right] dt.$$

注 8.6 事实上, 无截尾正态分布、单侧截尾正态分布以及双侧截尾正态分布都可视为双侧截尾正态分布:

(1) 无截尾正态分布: 令 $a \to -\infty$, $b \to +\infty$ 即可. 此种情形下, 直接将 $N^{a,b}(\mu,\sigma^2)$ 简记为 $N(\mu,\sigma^2)$;

(2) 单侧截尾正态分布:

　　① 左侧截尾正态分布: 令 a 为有限数, $b \to +\infty$ 即可;

　　② 右侧截尾正态分布: 令 $a \to -\infty$, b 为有限数即可;

(3) 双侧截尾正态分布: 令 a,b 均为有限数即可.

注 8.7 若 X 服从双侧截尾正态分布 $N^{a,b}(\mu,\sigma^2)$, 则其密度函数等价于:

$$g(x|\mu,\sigma,a,b) = \begin{cases} \frac{\phi((x-\mu)/\sigma)}{\sigma[\Phi((b-\mu)/\sigma)-\Phi((a-\mu)/\sigma)]}, & a < x < b \\ 0, & \text{其他} \end{cases},$$

其中, ϕ 和 Φ 分别为标准正态分布的密度函数以及分布函数, 即

$$\phi(x) = \frac{1}{\sqrt{2\pi}} \exp\left(-\frac{x^2}{2}\right),$$
$$\Phi(x) = \frac{1}{\sqrt{2\pi}} \int_{-\infty}^{x} \exp\left(-\frac{t^2}{2}\right) dt.$$

因此, 在接下来的推理介绍过程中, 将使用截尾分布的该标准正态分布表示形式.

定理 8.8 由推论 8.7 定义的 $g(x|\mu,\sigma,a,b)$ 是概率密度函数.

证明: 要证明 $g(x|\mu,\sigma,a,b)$ 确为概率密度函数, 需验证其符合以下条件:

(1) $g(x|\mu,\sigma,a,b) \geqslant 0$.

(2) $\int_{-\infty}^{+\infty} g(x|\mu,\sigma,a,b) dx = 1$.

条件 (1) 显然满足.
以下来证明 $g(x|\mu,\sigma,a,b)$ 满足条件 (2).
假设 $(x-\mu)/\sigma = t$, 则 $x = \sigma t + \mu$, 且 $dx = \sigma dt$, 从而

$$\int_{-\infty}^{+\infty} g(x|\mu,\sigma,a,b) dx$$
$$= \int_a^b \frac{\phi((x-\mu)/\sigma)}{\sigma[\Phi((b-\mu)/\sigma)-\Phi((a-\mu)/\sigma)]} dx$$
$$= \frac{1}{\sigma[\Phi((b-\mu)/\sigma)-\Phi((a-\mu)/\sigma)]} \int_a^b \phi((x-\mu)/\sigma) dx$$
$$= \frac{1}{\sigma[\Phi((b-\mu)/\sigma)-\Phi((a-\mu)/\sigma)]} \int_{(a-\mu)/\sigma}^{(b-\mu)/\sigma} \phi(t)\sigma dt$$

$$
\begin{aligned}
&= \frac{1}{\Phi\left((b-\mu)/\sigma\right) - \Phi\left((a-\mu)/\sigma\right)} \int_{(a-\mu)/\sigma}^{(b-\mu)/\sigma} \phi\left(t\right) \mathrm{d}t \\
&= \frac{1}{\Phi\left((b-\mu)/\sigma\right) - \Phi\left((a-\mu)/\sigma\right)} \left[\Phi\left((b-\mu)/\sigma\right) - \Phi\left((a-\mu)/\sigma\right)\right] \\
&= 1.
\end{aligned}
$$

得证.

推论 8.9 当 $a=0$, $b \to +\infty$ 时, $X \sim N^{a,b}\left(\mu, \sigma^2\right)$ 的概率密度函数为:

$$
g\left(x \mid \mu, \sigma, a, b\right) = \begin{cases} \dfrac{\phi((x-\mu)/\sigma)}{\sigma\Phi(\mu/\sigma)}, & x \geqslant 0 \\ 0, & x < 0 \end{cases}.
$$

注 8.10 推论 8.9 的证明需用到标准正态分布的分布函数性质: $1 - \Phi\left(-x\right) = \Phi\left(x\right)$.

至此, 已经构造出双侧截尾正态分布的概率密度函数. 为说明截尾正态分布在某些特定情形下比正态分布具有更佳的拟合精度, 先来看以下几个推论.

定理 8.11 若随机变量 $X \sim N^{a,b}\left(\mu, \sigma^2\right)$, 则 X 的均值和方差分别为:

$$
EX = \mu - \sigma \frac{\phi\left((b-\mu)/\sigma\right) - \phi\left((a-\mu)/\sigma\right)}{\Phi\left((b-\mu)/\sigma\right) - \Phi\left((a-\mu)/\sigma\right)},
$$

和

$$
DX = \sigma^2 \left[1 - \frac{(b-\mu)/\sigma\,\phi\left((b-\mu)/\sigma\right) - (a-\mu)/\sigma\,\phi\left((a-\mu)/\sigma\right)}{\Phi\left((b-\mu)/\sigma\right) - \Phi\left((a-\mu)/\sigma\right)} - \left(\frac{\phi\left((b-\mu)/\sigma\right) - \phi\left((a-\mu)/\sigma\right)}{\Phi\left((b-\mu)/\sigma\right) - \Phi\left((a-\mu)/\sigma\right)}\right)^2\right].
$$

证明: 令 $(x-\mu)/\sigma = t$, 则 $x = \sigma t + \mu$, $\mathrm{d}x = \sigma \mathrm{d}t$, 因此,

$$
\begin{aligned}
EX &= \int_{-\infty}^{+\infty} x g\left(x \mid \mu, \sigma, a, b\right) \mathrm{d}x \\
&= \int_{a}^{b} x \frac{\phi\left((x-\mu)/\sigma\right)}{\sigma\left[\Phi\left((b-\mu)/\sigma\right) - \Phi\left((a-\mu)/\sigma\right)\right]} \mathrm{d}x \\
&= \frac{1}{\sigma\left[\Phi\left((b-\mu)/\sigma\right) - \Phi\left((a-\mu)/\sigma\right)\right]} \int_{a}^{b} x \phi\left((x-\mu)/\sigma\right) \mathrm{d}x \\
&= \frac{1}{\sigma\left[\Phi\left((b-\mu)/\sigma\right) - \Phi\left((a-\mu)/\sigma\right)\right]} \int_{(a-\mu)/\sigma}^{(b-\mu)/\sigma} \left(\sigma t + \mu\right) \phi\left(t\right) \cdot \sigma \mathrm{d}t \\
&= \frac{1}{\Phi\left((b-\mu)/\sigma\right) - \Phi\left((a-\mu)/\sigma\right)} \left[\sigma \int_{(a-\mu)/\sigma}^{(b-\mu)/\sigma} t\phi\left(t\right) \mathrm{d}t + \mu \int_{(a-\mu)/\sigma}^{(b-\mu)/\sigma} \phi\left(t\right) \mathrm{d}t\right] \\
&= \frac{1}{\Phi\left((b-\mu)/\sigma\right) - \Phi\left((a-\mu)/\sigma\right)} \left[\sigma \int_{(a-\mu)/\sigma}^{(b-\mu)/\sigma} t\frac{1}{\sqrt{2\pi}} \exp\left(-\frac{t^2}{2}\right) \mathrm{d}t + \mu \int_{(a-\mu)/\sigma}^{(b-\mu)/\sigma} \phi\left(t\right) \mathrm{d}t\right]
\end{aligned}
$$

$$
= \frac{1}{\Phi\left((b-\mu)/\sigma\right)-\Phi\left((a-\mu)/\sigma\right)}\left[-\sigma\int_{(a-\mu)/\sigma}^{(b-\mu)/\sigma}\frac{1}{\sqrt{2\pi}}\mathrm{d}\exp\left(-\frac{t^2}{2}\right)+\mu\left(\Phi\left(\frac{b-\mu}{\sigma}\right)-\Phi\left(\frac{a-\mu}{\sigma}\right)\right)\right]
$$

$$
= \frac{1}{\Phi\left((b-\mu)/\sigma\right)-\Phi\left((a-\mu)/\sigma\right)}\left[-\sigma\frac{1}{\sqrt{2\pi}}\exp\left(-\frac{t^2}{2}\right)\Big|_{t=(a-\mu)/\sigma}^{(b-\mu)/\sigma}\right]+\mu
$$

$$
= \mu-\frac{1}{\Phi\left((b-\mu)/\sigma\right)-\Phi\left((a-\mu)/\sigma\right)}\sigma\left[\frac{1}{\sqrt{2\pi}}\exp\left(-\frac{(b-\mu)^2}{2\sigma^2}\right)-\frac{1}{\sqrt{2\pi}}\exp\left(-\frac{(a-\mu)^2}{2\sigma^2}\right)\right]
$$

$$
= \mu-\frac{1}{\Phi\left((b-\mu)/\sigma\right)-\Phi\left((a-\mu)/\sigma\right)}\sigma\left[\phi\left(\frac{b-\mu}{\sigma}\right)-\phi\left(\frac{a-\mu}{\sigma}\right)\right]
$$

$$
= \mu-\sigma\frac{\phi\left((b-\mu)/\sigma\right)-\phi\left((a-\mu)/\sigma\right)}{\Phi\left((b-\mu)/\sigma\right)-\Phi\left((a-\mu)/\sigma\right)}.
$$

紧接着, 来证明

$$
DX=\sigma^2\left[1-\frac{(b-\mu)/\sigma\phi\left((b-\mu)/\sigma\right)-(a-\mu)/\sigma\phi\left((a-\mu)/\sigma\right)}{\Phi\left((b-\mu)/\sigma\right)-\Phi\left((a-\mu)/\sigma\right)}-\left(\frac{\phi\left((b-\mu)/\sigma\right)-\phi\left((a-\mu)/\sigma\right)}{\Phi\left((b-\mu)/\sigma\right)-\Phi\left((a-\mu)/\sigma\right)}\right)^2\right].
$$

由于 $DX=E\left(X-EX\right)^2=EX^2-\left(EX\right)^2$, 因此, 只需求知 EX^2.

$$
\begin{aligned}
EX^2 &= \int_{-\infty}^{+\infty}x^2 g\left(x\,|\,\mu,\sigma,a,b\right)\mathrm{d}x\\
&= \int_a^b x^2\frac{\phi\left((x-\mu)/\sigma\right)}{\sigma\left[\Phi\left((b-\mu)/\sigma\right)-\Phi\left((a-\mu)/\sigma\right)\right]}\mathrm{d}x\\
&= \frac{1}{\sigma\left[\Phi\left((b-\mu)/\sigma\right)-\Phi\left((a-\mu)/\sigma\right)\right]}\int_a^b x^2\phi\left((x-\mu)/\sigma\right)\mathrm{d}x\\
&= \frac{1}{\sigma\left[\Phi\left((b-\mu)/\sigma\right)-\Phi\left((a-\mu)/\sigma\right)\right]}\int_{(a-\mu)/\sigma}^{(b-\mu)/\sigma}\left(\sigma t+\mu\right)^2\phi\left(t\right)\cdot\sigma\mathrm{d}t\\
&= \frac{1}{\Phi\left((b-\mu)/\sigma\right)-\Phi\left((a-\mu)/\sigma\right)}\left[\sigma^2\int_{(a-\mu)/\sigma}^{(b-\mu)/\sigma}t^2\phi\left(t\right)\mathrm{d}t+2\mu\sigma\int_{(a-\mu)/\sigma}^{(b-\mu)/\sigma}t\phi\left(t\right)\mathrm{d}t\right.\\
&\quad\left.+\mu^2\int_{(a-\mu)/\sigma}^{(b-\mu)/\sigma}\phi\left(t\right)\mathrm{d}t\right]\\
&= \frac{1}{\Phi\left((b-\mu)/\sigma\right)-\Phi\left((a-\mu)/\sigma\right)}\left[\sigma^2\int_{(a-\mu)/\sigma}^{(b-\mu)/\sigma}t^2\phi\left(t\right)\mathrm{d}t-2\mu\sigma\left(\phi\left(\frac{b-\mu}{\sigma}\right)\right.\right.\\
&\quad\left.\left.-\phi\left(\frac{a-\mu}{\sigma}\right)\right)+\mu^2\left(\Phi\left(\frac{b-\mu}{\sigma}\right)-\Phi\left(\frac{a-\mu}{\sigma}\right)\right)\right]\\
&= \frac{1}{\Phi\left((b-\mu)/\sigma\right)-\Phi\left((a-\mu)/\sigma\right)}\sigma^2\int_{(a-\mu)/\sigma}^{(b-\mu)/\sigma}t^2\frac{1}{\sqrt{2\pi}}\exp\left(-\frac{t^2}{2}\right)\mathrm{d}t\\
&\quad-2\mu\sigma\frac{\phi\left((b-\mu)/\sigma\right)-\phi\left((a-\mu)/\sigma\right)}{\Phi\left((b-\mu)/\sigma\right)-\Phi\left((a-\mu)/\sigma\right)}+\mu^2.
\end{aligned}
$$

上式中第一项的分子为:

$$
\sigma^2\int_{(a-\mu)/\sigma}^{(b-\mu)/\sigma}t^2\frac{1}{\sqrt{2\pi}}\exp\left(-\frac{t^2}{2}\right)\mathrm{d}t
$$

$$= \sigma^2 \int_{(a-\mu)/\sigma}^{(b-\mu)/\sigma} (-t) \frac{1}{\sqrt{2\pi}} d \exp\left(-\frac{t^2}{2}\right)$$

$$= \sigma^2 (-t) \frac{1}{\sqrt{2\pi}} \exp\left(-\frac{t^2}{2}\right)\Big|_{t=(a-\mu)/\sigma}^{(b-\mu)/\sigma} + \sigma^2 \int_{(a-\mu)/\sigma}^{(b-\mu)/\sigma} \frac{1}{\sqrt{2\pi}} \exp\left(-\frac{t^2}{2}\right) dt$$

$$= -\sigma^2 \left[\frac{b-\mu}{\sigma} \frac{1}{\sqrt{2\pi}} \exp\left(-\left(\frac{b-\mu}{\sigma}\right)^2 / 2\right) - \frac{a-\mu}{\sigma} \frac{1}{\sqrt{2\pi}} \exp\left(-\left(\frac{a-\mu}{\sigma}\right)^2 / 2\right)\right]$$

$$+ \sigma^2 \left[\Phi\left(\frac{b-\mu}{\sigma}\right) - \Phi\left(\frac{a-\mu}{\sigma}\right)\right]$$

$$= -\sigma^2 \left[\frac{b-\mu}{\sigma} \phi\left(\frac{b-\mu}{\sigma}\right) - \frac{a-\mu}{\sigma} \phi\left(\frac{a-\mu}{\sigma}\right)\right] + \sigma^2 \left[\Phi\left(\frac{b-\mu}{\sigma}\right) - \Phi\left(\frac{a-\mu}{\sigma}\right)\right],$$

因此,

$$EX^2 = -\sigma^2 \frac{\left[(b+\mu)/\sigma \phi((b-\mu)/\sigma) - (a+\mu)/\sigma \phi((a-\mu)/\sigma)\right]}{\Phi((b-\mu)/\sigma) - \Phi((a-\mu)/\sigma)} + \left(\sigma^2 + \mu^2\right).$$

从而,

$$DX = EX^2 - (EX)^2$$

$$= -\sigma^2 \frac{\left[(b+\mu)/\sigma \phi((b-\mu)/\sigma) - (a+\mu)/\sigma \phi((a-\mu)/\sigma)\right]}{\Phi((b-\mu)/\sigma) - \Phi((a-\mu)/\sigma)} + \left(\sigma^2 + \mu^2\right)$$

$$- \left(\mu - \sigma \frac{\phi((b-\mu)/\sigma) - \phi((a-\mu)/\sigma)}{\Phi((b-\mu)/\sigma) - \Phi((a-\mu)/\sigma)}\right)^2$$

$$= \sigma^2 \left[1 - \frac{(b-\mu)/\sigma \phi((b-\mu)/\sigma) - (a-\mu)/\sigma \phi((a-\mu)/\sigma)}{\Phi((b-\mu)/\sigma) - \Phi((a-\mu)/\sigma)}\right.$$

$$\left. - \left(\frac{\phi((b-\mu)/\sigma) - \phi((a-\mu)/\sigma)}{\Phi((b-\mu)/\sigma) - \Phi((a-\mu)/\sigma)}\right)^2\right].$$

得证.

推论 8.12 当 $a = 0$, $b \to +\infty$ 时, $X \sim N^{a,b}(\mu, \sigma^2)$ 的均值和方差分别为:

$$EX = \mu + \frac{\sigma \phi(\mu/\sigma)}{\Phi(\mu/\sigma)},$$

和

$$DX = \sigma^2 \left(1 - \frac{\mu}{\sigma} \frac{\phi(\mu/\sigma)}{\Phi(\mu/\sigma)} - \left(\frac{\phi(\mu/\sigma)}{\Phi(\mu/\sigma)}\right)^2\right).$$

8.2 拟合预测精度

8.2.1 截尾正态分布拟合预测精度浅析

首先, 通过一个例子来说明在随机变量的取值范围限制在某一有界区间时, 截尾正态分布比正态分布具有更高的拟合预测精度.

例 8.13 使用概率密度函数对数据列的概率密度进行拟合, 并将拟合概率低于某一预先设定的阈值对应的数据划分为异常数据, 是常使用的异常值检测方法之一. 利用 MATLAB 随机生成 200 个位于区间 $(1,9)$ 内的服从正态分布 $N(2,3^2)$ 的随机数作为正常点, 以及 2 个位于区间 $(1,9)$ 外的异常点. 真实的表征无截尾正态分布 $N(2,3^2)$ 以及双侧截尾正态分布 $N^{1,9}(2,3^2)$ 的曲线分别如图 8.1 中的曲线 a 和曲线 b 所示. 若采用无截尾正态分布 $N(\mu,\sigma^2)$ 对该 200 个正常数据点的概率分布进行拟合预测, 且参数 μ 和 σ 使用定理 8.11 得到的截尾正态分布的均值和方差结果 (即矩估计方法) 进行估计, 结果为: $\hat{\mu}=3.6971$, $\hat{\sigma}^2=1.8463^2$. 由此生成的无截尾正态分布 $N(3.6971,1.8463^2)$ 如图 8.1 中的曲线 c 所示. 若参数 μ 和 σ 的矩估计结果由 200 个正常数据点的均值和方差直接估计得到, 则有: $\hat{\mu}=3.5895$, $\hat{\sigma}^2=1.8055^2$, 由此生成的无截尾正态分布 $N(3.5895,1.8055^2)$ 如图 8.1 中的曲线 d 所示. 观察图 8.1 可知, 在设定异常值概率阈值 $p=0.03$ 的情况下, 若使用曲线 a, b, c, d 对数据点的分布进行拟合预测, 所有用于拟合预测的分布均能检测出第一个异常点. 但是, 只有双侧截尾正态分布能够检测出第二个异常点.

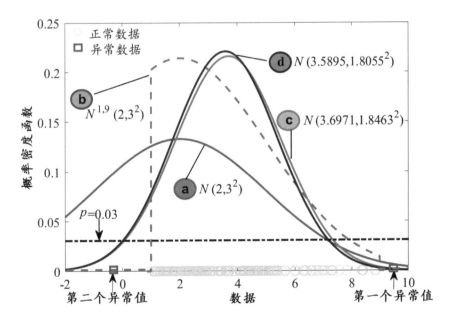

图 8.1 异常值检测举例

例 8.13 给出了一个截尾正态分布的拟合预测精度高于无截尾正态分布拟合预测精度的例子. 接下来, 将通过拟合预测精度衡量准则进一步验证截尾正态分布在数据采样存在截尾点的情况下, 在概率分布拟合预测中的优越性.

8.2.2 拟合预测精度衡量准则

常见的衡量概率密度函数拟合预测精度的准则 MRE、CSE、RMSE 等以及第 7 章构造的 SCSE 对离散型的变量更为适用, 且存在一定的缺陷, 例如: 含有分母的衡量准则, 当分母取值为 0 时, 该准则将变得无意义; 且上述拟合预测精度衡量准则在使用真实数据计算真实概率密度函数时, 都是以频率值代替, 这将使误差更大. 那么采用什么方法可以一定程度上避免这些缺陷呢? 本章通过以下介绍的不需用频率值去替代概率的衡量随机变量分布拟合预测精度的标准——连续分级概率评分 (Continuous ranked probability score, 以下简记为 CRPS) (Baran, 2014; Gneiting and Raftery, 2007; Hersbach, 2000; Matheson & Winkler, 1976; Wilks, 1995) 去衡量概率密度函数拟合预测精度.

8.2.3 连续分级概率评分

首先来看连续分级概率评分 CRPS 的定义.

定义 8.14 若随机变量 Y 的分布函数为 F_Y, 且 x 为一实数, 则二者之间的 CRPS 定义如下:

$$\text{CRPS}\left(F_Y, x\right) = \int_{-\infty}^{+\infty} \left(F_Y\left(y\right) - 1_{\{y \geqslant x\}}\right)^2 \mathrm{d}y, \tag{8.1}$$

其中, 1_H 为示性函数, 即

$$1_H = \begin{cases} 1, & x \in H \\ 0, & x \notin H \end{cases}.$$

尽管定义 8.14 给出了分布函数 F_Y 与 x 之间拟合预测误差的理论表达式, 在实际计算中, 还需进一步给出其解析表达式.

8.2.3.1　连续分级概率评分的解析表达式

命题 8.15　若 $f: A \to \{0,1\}$ 是定义在集合 A 上的特征函数, A_1 和 A_2 是 A 的两个子集, 则下面结论成立:

$$1_{A_1 \cap A_2} = \min\{1_{A_1}, 1_{A_2}\} = 1_{A_1} \cdot 1_{A_2}.$$

引理 8.16 (Fubini 定理)　若 $f \in L(\mathbf{R}^n)$, $(\boldsymbol{x}, \boldsymbol{y}) \in \mathbf{R}^p \times \mathbf{R}^q = \mathbf{R}^n$, 则

(1) 对于几乎处处的 $\boldsymbol{x} \in \mathbf{R}^p$, $f(\boldsymbol{x}, \boldsymbol{y})$ 是 $\mathbf{R}^q$ 上的可积函数;

(2) 积分 $\int_{\mathbf{R}^q} f(\boldsymbol{x}, \boldsymbol{y}) \mathrm{d}\boldsymbol{y}$ 是 $\mathbf{R}^p$ 上的可积函数;

(3) 以下结论成立

$$\int_{\mathbf{R}^n} f(\boldsymbol{x}, \boldsymbol{y}) \mathrm{d}\boldsymbol{x}\mathrm{d}\boldsymbol{y} = \int_{\mathbf{R}^p} \mathrm{d}\boldsymbol{x} \int_{\mathbf{R}^q} f(\boldsymbol{x}, \boldsymbol{y}) \mathrm{d}\boldsymbol{y} = \int_{\mathbf{R}^q} \mathrm{d}\boldsymbol{y} \int_{\mathbf{R}^p} f(\boldsymbol{x}, \boldsymbol{y}) \mathrm{d}\boldsymbol{x}.$$

根据命题 8.15 和 Fubini 定理, 可得到如下结论:

定理 8.17　若 X 和 Y 是相互独立的随机变量, 其均值有限, F 和 G 分别是 X 和 Y 的分布函数, 则

$$E|X - Y| = \int_{-\infty}^{+\infty} F(x)(1 - G(x))\,\mathrm{d}x + \int_{-\infty}^{+\infty} G(x)(1 - F(x))\,\mathrm{d}x.$$

证明: 由于

$$|X - Y| = \int_{-\infty}^{+\infty} (1_{X \leqslant u < Y} + 1_{Y \leqslant u < X})\,\mathrm{d}u,$$

利用命题 8.15 可知: $1_{X \leqslant u < Y} = 1_{u \geqslant X} \cdot 1_{u < Y}$ 且 $1_{Y \leqslant u < X} = 1_{u \geqslant Y} \cdot 1_{u < X}$, 因此

$$|X - Y| = \int_{-\infty}^{+\infty} (1_{u \geqslant X} \cdot 1_{u < Y} + 1_{u \geqslant Y} \cdot 1_{u < X})\,\mathrm{d}u.$$

由于 X 和 Y 是相互独立的随机变量, 所以根据 Fubini 定理可知:

$$
\begin{aligned}
E|X - Y| &= \int_{-\infty}^{+\infty} \int_{-\infty}^{+\infty} |x - y|\,\mathrm{d}F(x)G(y) \\
&= \int_{-\infty}^{+\infty} \int_{-\infty}^{+\infty} \left[\int_{-\infty}^{+\infty} (1_{u \geqslant X} \cdot 1_{u < Y} + 1_{u \geqslant Y} \cdot 1_{u < X})\,\mathrm{d}u\right] \mathrm{d}F(x)G(y) \\
&= \int_{-\infty}^{+\infty} \left[\int_{-\infty}^{+\infty} \int_{-\infty}^{+\infty} (1_{u \geqslant X} \cdot 1_{u < Y} + 1_{u \geqslant Y} \cdot 1_{u < X})\,\mathrm{d}F(x)G(y)\right] \mathrm{d}u
\end{aligned}
$$

$$= \int_{-\infty}^{+\infty} \left[F(u)(1-G(u)) + G(u)(1-F(u)) \right] \mathrm{d}u$$

$$= \int_{-\infty}^{+\infty} F(x)(1-G(x))\,\mathrm{d}x + \int_{-\infty}^{+\infty} G(x)(1-F(x))\,\mathrm{d}x.$$

得证.

定理 8.18 若 X_1, X_2, Y_1, Y_2 是相互独立且期望值有限的随机变量, X_1 与 X_2 是分布函数均为 F 的独立同分布变量, Y_1 与 Y_2 是分布函数均为 G 的独立同分布变量, 则

$$E|X_1 - Y_1| - \frac{1}{2}E|X_1 - X_2| - \frac{1}{2}E|Y_1 - Y_2| \geqslant 0,$$

且等号成立当且仅当 $F = G$.

证明: 根据定理 8.17 可知:

$$E|X_1 - Y_1| - \frac{1}{2}E|X_1 - X_2| - \frac{1}{2}E|Y_1 - Y_2|$$

$$= \int_{-\infty}^{+\infty} F(x)(1-G(x))\,\mathrm{d}x + \int_{-\infty}^{+\infty} G(x)(1-F(x))\,\mathrm{d}x - \frac{1}{2}\left[\int_{-\infty}^{+\infty} F(x)(1-F(x))\,\mathrm{d}x \right.$$

$$\left. + \int_{-\infty}^{+\infty} F(x)(1-F(x))\,\mathrm{d}x \right] - \frac{1}{2}\left[\int_{-\infty}^{+\infty} G(x)(1-G(x))\,\mathrm{d}x + \int_{-\infty}^{+\infty} G(x)(1-G(x))\,\mathrm{d}x \right]$$

$$= \int_{-\infty}^{+\infty} F(x)(1-G(x))\,\mathrm{d}x + \int_{-\infty}^{+\infty} G(x)(1-F(x))\,\mathrm{d}x - \int_{-\infty}^{+\infty} F(x)(1-F(x))\,\mathrm{d}x$$

$$- \int_{-\infty}^{+\infty} G(x)(1-G(x))\,\mathrm{d}x$$

$$= \int_{-\infty}^{+\infty} \left[F^2(x) - 2F(x)G(x) + G^2(x) \right]\mathrm{d}x$$

$$= \int_{-\infty}^{+\infty} (F(x) - G(x))^2\,\mathrm{d}x.$$

因此, 需证的不等式成立, 且等号成立当且仅当 $F = G$.
得证.

据此, 有以下结论:

推论 8.19 若随机变量 Y 的分布函数为 F_Y, 且 x 为一实数, 则根据定义 8.14 给出的 CRPS 等价于

$$\mathrm{CRPS}(F_Y, x) = E|Y - x| - \frac{1}{2}E|Y - Z|,$$

其中, Y 和 Z 相互独立, 均具有有限的期望, 且其分布函数均为 F_Y.

8.2.3.2　截尾正态分布的连续分级概率评分

定义　8.20　定义 $A\left(\mu,\sigma^2\right)=E|Y|$, 其中 $Y\sim N\left(\mu,\sigma^2\right)$.

定理　8.21　若 $Y\sim N\left(\mu,\sigma^2\right)$, 则 $A\left(\mu,\sigma^2\right)=\mu\left(2\Phi\left(\mu/\sigma\right)-1\right)+2\sigma\phi\left(\mu/\sigma\right)$.

证明: 根据定义 8.20 可知:

$$
\begin{aligned}
&A\left(\mu,\sigma^2\right)\\
=\ &E|Y|\\
=\ &\int_{-\infty}^{+\infty}|y|\frac{1}{\sqrt{2\pi}\sigma}\exp\left(-\frac{(y-\mu)^2}{2\sigma^2}\right)\mathrm{d}y\\
=\ &\int_0^{+\infty}y\frac{1}{\sqrt{2\pi}\sigma}\exp\left(-\frac{(y-\mu)^2}{2\sigma^2}\right)\mathrm{d}y+\int_{-\infty}^0(-y)\frac{1}{\sqrt{2\pi}\sigma}\exp\left(-\frac{(y-\mu)^2}{2\sigma^2}\right)\mathrm{d}y\\
=\ &\int_0^{+\infty}y\frac{1}{\sqrt{2\pi}\sigma}\exp\left(-\frac{(y-\mu)^2}{2\sigma^2}\right)\mathrm{d}y-\int_{-\infty}^0 y\frac{1}{\sqrt{2\pi}\sigma}\exp\left(-\frac{(y-\mu)^2}{2\sigma^2}\right)\mathrm{d}y\\
=\ &\int_0^{+\infty}y\frac{1}{\sqrt{2\pi}\sigma}\exp\left(-\frac{(y-\mu)^2}{2\sigma^2}\right)\mathrm{d}y-\left[EY-\int_0^{+\infty}y\frac{1}{\sqrt{2\pi}\sigma}\exp\left(-\frac{(y-\mu)^2}{2\sigma^2}\right)\mathrm{d}y\right]\\
=\ &2\int_0^{+\infty}y\frac{1}{\sqrt{2\pi}\sigma}\exp\left(-\frac{(y-\mu)^2}{2\sigma^2}\right)\mathrm{d}y-EY\\
=\ &2\int_{-\mu/\sigma}^{+\infty}(\sigma t+\mu)\frac{1}{\sqrt{2\pi}\sigma}\exp\left(-\frac{t^2}{2}\right)\sigma\mathrm{d}t-EY\\
=\ &2\left[\frac{\sigma}{\sqrt{2\pi}}\int_{-\mu/\sigma}^{+\infty}t\exp\left(-\frac{t^2}{2}\right)\mathrm{d}t+\mu\int_{-\mu/\sigma}^{+\infty}\frac{1}{\sqrt{2\pi}}\exp\left(-\frac{t^2}{2}\right)\mathrm{d}t\right]-EY\\
=\ &2\left[-\frac{\sigma}{\sqrt{2\pi}}\int_{-\mu/\sigma}^{+\infty}\mathrm{d}\exp\left(-\frac{t^2}{2}\right)+\mu\Phi\left(\frac{\mu}{\sigma}\right)\right]-EY\\
=\ &2\left[-\frac{\sigma}{\sqrt{2\pi}}\exp\left(-\frac{t^2}{2}\right)\Big|_{t=-\mu/\sigma}^{+\infty}+\mu\Phi\left(\frac{\mu}{\sigma}\right)\right]-EY\\
=\ &2\left[\frac{\sigma}{\sqrt{2\pi}}\exp\left(-\frac{1}{2}\left(-\frac{\mu}{\sigma}\right)^2\right)+\mu\Phi\left(\frac{\mu}{\sigma}\right)\right]-EY\\
=\ &2\left[\sigma\phi\left(\frac{\mu}{\sigma}\right)+\mu\Phi\left(\frac{\mu}{\sigma}\right)\right]-EY\\
=\ &2\left[\sigma\phi\left(\frac{\mu}{\sigma}\right)+\mu\Phi\left(\frac{\mu}{\sigma}\right)\right]-\mu\\
=\ &\mu\left(2\Phi\left(\frac{\mu}{\sigma}\right)-1\right)+2\sigma\phi\left(\frac{\mu}{\sigma}\right).
\end{aligned}
$$

得证.

定义　8.22　定义 $S_1\left(x,\mu,\sigma,a,b\right)=E|X-x|$, 其中 $X\sim N^{a,b}\left(\mu,\sigma^2\right)$.

定理 8.23 若 $X \sim N^{a,b}\left(\mu, \sigma^2\right)$, 则

$$S_1\left(x, \mu, \sigma, a, b\right) = \begin{cases} -\sigma \frac{\phi((b-\mu)/\sigma)-\phi((a-\mu)/\sigma)}{\Phi((b-\mu)/\sigma)-\Phi((a-\mu)/\sigma)} + \mu - x, & x \leqslant a \\ \frac{A\left(x-\mu, \sigma^2\right)-(x-\mu)(\Phi((b-\mu)/\sigma)+\Phi((a-\mu)/\sigma)-1)-\sigma(\phi((b-\mu)/\sigma)+\phi((a-\mu)/\sigma))}{\Phi((b-\mu)/\sigma)-\Phi((a-\mu)/\sigma)}, & a < x < b \\ \sigma \frac{\phi((b-\mu)/\sigma)-\phi((a-\mu)/\sigma)}{\Phi((b-\mu)/\sigma)-\Phi((a-\mu)/\sigma)} + x - \mu, & x \geqslant b \end{cases}$$

其中, $A\left(\mu, \sigma^2\right)$ 的定义见定义 8.20.

证明: 根据 $S_1\left(x, \mu, \sigma, a, b\right)$ 的定义 8.22 可知:

$$
\begin{aligned}
& S_1\left(x, \mu, \sigma, a, b\right) \\
= {} & E|X - x| \\
= {} & \int_{-\infty}^{+\infty} |y - x| g\left(y | \mu, \sigma, a, b\right) \mathrm{d}y \\
= {} & \int_{x}^{+\infty} (y - x) g\left(y | \mu, \sigma, a, b\right) \mathrm{d}y + \int_{-\infty}^{x} (x - y) g\left(y | \mu, \sigma, a, b\right) \mathrm{d}y \\
= {} & \int_{x}^{+\infty} (y - x) g\left(y | \mu, \sigma, a, b\right) \mathrm{d}y - \int_{-\infty}^{x} (y - x) g\left(y | \mu, \sigma, a, b\right) \mathrm{d}y \\
= {} & \int_{x}^{+\infty} (y - x) g\left(y | \mu, \sigma, a, b\right) \mathrm{d}y - \left[E(X - x) - \int_{x}^{+\infty} (y - x) g\left(y | \mu, \sigma, a, b\right) \mathrm{d}y \right] \\
= {} & 2 \int_{x}^{+\infty} (y - x) g\left(y | \mu, \sigma, a, b\right) \mathrm{d}y - E(X - x) \\
= {} & \begin{cases} 2 \int_{a}^{b} (y - x) \frac{\phi((y-\mu)/\sigma)}{\sigma[\Phi((b-\mu)/\sigma)-\Phi((a-\mu)/\sigma)]} \mathrm{d}y - E(X - x), & x \leqslant a \\ 2 \int_{x}^{b} (y - x) \frac{\phi((y-\mu)/\sigma)}{\sigma[\Phi((b-\mu)/\sigma)-\Phi((a-\mu)/\sigma)]} \mathrm{d}y - E(X - x), & a < x < b \\ -E(X - x), & x \geqslant b \end{cases}
\end{aligned}
$$

情形 1: 若 $x \leqslant a$,

$$
\begin{aligned}
& S_1\left(x, \mu, \sigma, a, b\right) \\
= {} & E|X - x| \\
= {} & 2 \int_{a}^{b} (y - x) \frac{\phi\left((y - \mu)/\sigma\right)}{\sigma\left[\Phi\left((b - \mu)/\sigma\right) - \Phi\left((a - \mu)/\sigma\right)\right]} \mathrm{d}y - E(X - x) \\
= {} & 2 \int_{(a-\mu)/\sigma}^{(b-\mu)/\sigma} (\sigma t + \mu - x) \frac{\phi(t)}{\sigma\left[\Phi\left((b - \mu)/\sigma\right) - \Phi\left((a - \mu)/\sigma\right)\right]} \cdot \sigma \mathrm{d}t - E(X - x) \\
= {} & \frac{2}{\Phi((b-\mu)/\sigma)-\Phi((a-\mu)/\sigma)} \left[\sigma \int_{(a-\mu)/\sigma}^{(b-\mu)/\sigma} t\phi(t) \mathrm{d}t + (\mu - x) \int_{(a-\mu)/\sigma}^{(b-\mu)/\sigma} \phi(t) \mathrm{d}t \right] - E(X - x) \\
= {} & \frac{2}{\Phi((b-\mu)/\sigma)-\Phi((a-\mu)/\sigma)} \left[\sigma \int_{(a-\mu)/\sigma}^{(b-\mu)/\sigma} t \frac{1}{\sqrt{2\pi}} \exp\left(-\frac{t^2}{2}\right) \mathrm{d}t + (\mu - x)\left(\Phi\left(\frac{b-\mu}{\sigma}\right)\right. \right.
\end{aligned}
$$

$$
\left. - \Phi\left(\frac{a-\mu}{\sigma}\right)\right)\right] - E\left(X - x\right)
$$

$$
= \frac{2}{\Phi\left((b-\mu)/\sigma\right) - \Phi\left((a-\mu)/\sigma\right)}\left[-\sigma\int_{(a-\mu)/\sigma}^{(b-\mu)/\sigma}\frac{1}{\sqrt{2\pi}}\mathrm{d}\exp\left(-\frac{t^2}{2}\right)\right] + 2\left(\mu - x\right) - E\left(X - x\right)
$$

$$
= \frac{-2\sigma}{\Phi\left((b-\mu)/\sigma\right) - \Phi\left((a-\mu)/\sigma\right)}\left[\frac{1}{\sqrt{2\pi}}\exp\left(-\frac{1}{2}\left(\frac{b-\mu}{\sigma}\right)^2\right) - \frac{1}{\sqrt{2\pi}}\exp\left(-\frac{1}{2}\left(\frac{a-\mu}{\sigma}\right)^2\right)\right]
$$
$$
+ 2\mu - x - EX
$$

$$
= -2\sigma\frac{\phi\left((b-\mu)/\sigma\right) - \phi\left((a-\mu)/\sigma\right)}{\Phi\left((b-\mu)/\sigma\right) - \Phi\left((a-\mu)/\sigma\right)} + 2\mu - x - EX
$$

$$
= -2\sigma\frac{\phi\left((b-\mu)/\sigma\right) - \phi\left((a-\mu)/\sigma\right)}{\Phi\left((b-\mu)/\sigma\right) - \Phi\left((a-\mu)/\sigma\right)} + 2\mu - x - \mu + \sigma\frac{\phi\left((b-\mu)/\sigma\right) - \phi\left((a-\mu)/\sigma\right)}{\Phi\left((b-\mu)/\sigma\right) - \Phi\left((a-\mu)/\sigma\right)}
$$

$$
= -\sigma\frac{\phi\left((b-\mu)/\sigma\right) - \phi\left((a-\mu)/\sigma\right)}{\Phi\left((b-\mu)/\sigma\right) - \Phi\left((a-\mu)/\sigma\right)} + \mu - x.
$$

情形 2: 若 $x \geqslant b$,

$$
S_1\left(x, \mu, \sigma, a, b\right)
$$
$$
= -E\left(X - x\right)
$$
$$
= -EX + x
$$
$$
= -\mu + \sigma\frac{\phi\left((b-\mu)/\sigma\right) - \phi\left((a-\mu)/\sigma\right)}{\Phi\left((b-\mu)/\sigma\right) - \Phi\left((a-\mu)/\sigma\right)} + x
$$
$$
= \sigma\frac{\phi\left((b-\mu)/\sigma\right) - \phi\left((a-\mu)\sigma\right)}{\Phi\left((b-\mu)/\sigma\right) - \Phi\left((a-\mu)/\sigma\right)} + x - \mu.
$$

情形 3: 若 $a < x < b$,

$$
S_1\left(x, \mu, \sigma, a, b\right)
$$
$$
= E|X - x|
$$
$$
= 2\int_x^b\left(y - x\right)\frac{\phi\left((y-\mu)/\sigma\right)}{\sigma\left[\Phi\left((b-\mu)/\sigma\right) - \Phi\left((a-\mu)/\sigma\right)\right]}\mathrm{d}y - E\left(X - x\right)
$$
$$
= 2\int_{(x-\mu)/\sigma}^{(b-\mu)/\sigma}\left(\sigma t + \mu - x\right)\frac{\phi\left(t\right)}{\sigma\left[\Phi\left((b-\mu)/\sigma\right) - \Phi\left((a-\mu)/\sigma\right)\right]}\cdot\sigma\mathrm{d}t - E\left(X - x\right)
$$
$$
= \frac{2}{\Phi\left((b-\mu)/\sigma\right) - \Phi\left((a-\mu)/\sigma\right)}\left[\sigma\int_{(x-\mu)/\sigma}^{(b-\mu)/\sigma}t\phi\left(t\right)\mathrm{d}t + \left(\mu - x\right)\int_{(x-\mu)/\sigma}^{(b-\mu)/\sigma}\phi\left(t\right)\mathrm{d}t\right] - E\left(X - x\right)
$$
$$
= \frac{2}{\Phi\left((b-\mu)/\sigma\right) - \Phi\left((a-\mu)/\sigma\right)}\left[\sigma\int_{(x-\mu)/\sigma}^{(b-\mu)/\sigma}t\frac{1}{\sqrt{2\pi}}\exp\left(-\frac{t^2}{2}\right)\mathrm{d}t + \left(\mu - x\right)\left(\Phi\left(\frac{b-\mu}{\sigma}\right)\right.\right.
$$
$$
\left.\left. - \Phi\left(\frac{x-\mu}{\sigma}\right)\right)\right] - E\left(X - x\right)
$$

$$
\begin{aligned}
=\ & \frac{2}{\Phi\left((b-\mu)/\sigma\right)-\Phi\left((a-\mu)/\sigma\right)}\left[-\sigma\int_{(x-\mu)/\sigma}^{(b-\mu)/\sigma}\frac{1}{\sqrt{2\pi}}\mathrm{d}\exp\left(-\frac{t^{2}}{2}\right)+(\mu-x)\left(\Phi\left(\frac{b-\mu}{\sigma}\right)\right.\right.\\
& \left.\left.-\Phi\left(\frac{x-\mu}{\sigma}\right)\right)\right]-E\left(X-x\right)\\
=\ & \frac{2}{\Phi\left((b-\mu)/\sigma\right)-\Phi\left((a-\mu)/\sigma\right)}\left[-\sigma\left(\frac{1}{\sqrt{2\pi}}\exp\left(-\frac{1}{2}\left(\frac{b-\mu}{\sigma}\right)^{2}\right)-\frac{1}{\sqrt{2\pi}}\exp\left(-\frac{1}{2}\left(\frac{x-\mu}{\sigma}\right)^{2}\right)\right)\right.\\
& \left.+(\mu-x)\left(\Phi\left(\frac{b-\mu}{\sigma}\right)-\Phi\left(\frac{x-\mu}{\sigma}\right)\right)\right]-E\left(X-x\right)\\
=\ & \frac{2}{\Phi\left((b-\mu)/\sigma\right)-\Phi\left((a-\mu)/\sigma\right)}\left[-\sigma\left(\phi\left(\frac{b-\mu}{\sigma}\right)-\phi\left(\frac{x-\mu}{\sigma}\right)\right)+(\mu-x)\left(\Phi\left(\frac{b-\mu}{\sigma}\right)\right.\right.\\
& \left.\left.-\Phi\left(\frac{x-\mu}{\sigma}\right)\right)\right]-\mu+\sigma\frac{\phi\left((b-\mu)/\sigma\right)-\phi\left((a-\mu)/\sigma\right)}{\Phi\left((b-\mu)/\sigma\right)-\Phi\left((a-\mu)/\sigma\right)}+x\\
=\ & \frac{1}{\Phi\left((b-\mu)/\sigma\right)-\Phi\left((a-\mu)/\sigma\right)}\left[(x-\mu)\left(2\Phi\left(\frac{x-\mu}{\sigma}\right)-1\right)+2\sigma\phi\left(\frac{x-\mu}{\sigma}\right)\right.\\
& \left.-(x-\mu)\left(\Phi\left(\frac{b-\mu}{\sigma}\right)+\Phi\left(\frac{a-\mu}{\sigma}\right)-1\right)-\sigma\left(\phi\left(\frac{b-\mu}{\sigma}\right)+\phi\left(\frac{a-\mu}{\sigma}\right)\right)\right]\\
=\ & \frac{1}{\Phi\left((b-\mu)/\sigma\right)-\Phi\left((a-\mu)/\sigma\right)}\left[A\left(x-\mu,\sigma^{2}\right)-(x-\mu)\left(\Phi\left(\frac{b-\mu}{\sigma}\right)+\Phi\left(\frac{a-\mu}{\sigma}\right)-1\right)\right.\\
& \left.-\sigma\left(\phi\left(\frac{b-\mu}{\sigma}\right)+\phi\left(\frac{a-\mu}{\sigma}\right)\right)\right].
\end{aligned}
$$

得证.

推论 8.24 当 $a=0$, $b\to+\infty$ 时, $X\sim N^{0,+\infty}\left(\mu,\sigma^{2}\right)$ 满足

$$
S_{1}\left(x,\mu,\sigma,a,b\right)=\begin{cases}\left[\Phi\left(\mu/\sigma\right)\right]^{-1}\left[A\left(x-\mu,\sigma^{2}\right)+(x-\mu)\left(\Phi\left(\mu/\sigma\right)-1\right)-\sigma\phi\left(\mu/\sigma\right)\right], & x>0\\ (\mu-x)+\left[\Phi\left(\mu/\sigma\right)\right]^{-1}\left[\sigma\phi\left(\mu/\sigma\right)\right], & x\leqslant0\end{cases},
$$

其中, $A\left(\mu,\sigma^{2}\right)$ 的定义见定义 8.20.

定理 8.25 若 $X_{1}\sim N^{a,b}\left(\mu_{1},\sigma_{1}^{2}\right)$, $X_{2}\sim N^{a,b}\left(\mu_{2},\sigma_{2}^{2}\right)$, 且 X_{1} 与 X_{2} 相互独立, 则随机变量 $|X_{1}-X_{2}|$ 的概率密度函数为:

$$
f_{|X_{1}-X_{2}|}\left(x\right)=\begin{cases}\left[\sigma_{d}\left(\Phi\left((b-\mu_{1})/\sigma_{1}\right)-\Phi\left((a-\mu_{1})/\sigma_{1}\right)\right)\left(\Phi\left((b-\mu_{2})/\sigma_{2}\right)-\Phi\left((a-\mu_{2})/\sigma_{2}\right)\right)\right]^{-1}\\ \cdot\left[\phi\left((x-\mu_{d})/\sigma_{d}\right)\left(\Phi\left(\sigma_{d}/(\sigma_{1}\sigma_{2})b-\rho_{d}-\sigma_{1}/(\sigma_{2}\sigma_{d})x\right)-\Phi\left(\sigma_{d}/(\sigma_{1}\sigma_{2})a-\rho_{d}\right.\right.\right.\\ \left.\left.+\sigma_{2}/(\sigma_{1}\sigma_{d})x\right)+\phi\left((x+\mu_{d})/\sigma_{d}\right)\left(\Phi\left(\sigma_{d}/(\sigma_{1}\sigma_{2})b-\rho_{d}-\sigma_{2}/(\sigma_{1}\sigma_{d})x\right)\right.\right.\\ \left.\left.-\Phi\left(\sigma_{d}/(\sigma_{1}\sigma_{2})a-\rho_{d}+\sigma_{1}/(\sigma_{2}\sigma_{d})x\right)\right)\right], & 0<x<b-a\\ 0, & \text{其他}\end{cases},
$$

其中, $\mu_{d}=\mu_{1}-\mu_{2}$, $\sigma_{d}=\sqrt{\sigma_{1}^{2}+\sigma_{2}^{2}}$, $\rho_{d}=\left(\mu_{1}\sigma_{2}^{2}+\mu_{2}\sigma_{1}^{2}\right)/\left(\sigma_{1}\sigma_{2}\sigma_{d}\right)$.

证明: 由于 X_1 与 X_2 相互独立, 因此 X_1 与 X_2 的联合概率密度函数为:

$$g\left(x_1, x_2 | \mu_1, \mu_2, \sigma_1, \sigma_2, a, b\right)$$

$$= g\left(x_1 | \mu_1, \sigma_1, a, b\right) \cdot g\left(x_2 | \mu_2, \sigma_2, a, b\right)$$

$$= \begin{cases} \frac{\phi((x_1-\mu_1)/\sigma_1)\phi((x_2-\mu_2)/\sigma_2)}{\sigma_1\sigma_2[\Phi((b-\mu_1)/\sigma_1)-\Phi((a-\mu_1)/\sigma_1)][\Phi((b-\mu_2)/\sigma_2)-\Phi((a-\mu_2)/\sigma_2)]}, & a \leqslant x_1 \leqslant b,\ a \leqslant x_2 \leqslant b \\ 0, & \text{其他} \end{cases}.$$

因此, 当 $x \leqslant 0$ 或 $x \geqslant b - a$ 时, $f_{|X_1-X_2|}(x) = 0$.

当 $0 < x < b - a$ 时,

$$\begin{aligned} P\left(|X_1 - X_2| \leqslant x\right) &= P\left(-x \leqslant X_1 - X_2 \leqslant x\right) \\ &= P\left(X_2 - x \leqslant X_1 \leqslant X_2 + x\right) \\ &= \int_{-\infty}^{+\infty} \mathrm{d}x_2 \int_{x_2-x}^{x_2+x} g\left(x_1, x_2 | \mu_1, \mu_2, \sigma_1, \sigma_2, a, b\right) \mathrm{d}x_1. \end{aligned}$$

故根据变限积分求导定理可知:

$$\begin{aligned} &f_{|X_1-X_2|}(x) \\ =\ & \frac{\mathrm{d}\left(P\left(|X_1 - X_2| \leqslant x\right)\right)}{\mathrm{d}x} \\ =\ & \frac{\mathrm{d}\int_{-\infty}^{+\infty} \mathrm{d}x_2 \int_{x_2-x}^{x_2+x} g\left(x_1, x_2 | \mu_1, \mu_2, \sigma_1, \sigma_2, a, b\right) \mathrm{d}x_1}{\mathrm{d}x} \\ =\ & \int_{-\infty}^{+\infty} g\left(x_2 + x, x_2 | \mu_1, \mu_2, \sigma_1, \sigma_2, a, b\right) \mathrm{d}x_2 + \int_{-\infty}^{+\infty} g\left(x_2 - x, x_2 | \mu_1, \mu_2, \sigma_1, \sigma_2, a, b\right) \mathrm{d}x_2 \\ =\ & \int_{a}^{b-x} \frac{\phi\left(\left(x_2 + x - \mu_1\right)/\sigma_1\right) \phi\left(\left(x_2 - \mu_2\right)/\sigma_2\right)}{\sigma_1\sigma_2 \left[\Phi\left(\left(b-\mu_1\right)/\sigma_1\right) - \Phi\left(\left(a-\mu_1\right)/\sigma_1\right)\right] \left[\Phi\left(\left(b-\mu_2\right)/\sigma_2\right) - \Phi\left(\left(a-\mu_2\right)/\sigma_2\right)\right]} \mathrm{d}x_2 \\ & + \int_{a+x}^{b} \frac{\phi\left(\left(x_2 - x - \mu_1\right)/\sigma_1\right) \phi\left(\left(x_2 - \mu_2\right)/\sigma_2\right)}{\sigma_1\sigma_2 \left[\Phi\left(\left(b-\mu_1\right)/\sigma_1\right) - \Phi\left(\left(a-\mu_1\right)/\sigma_1\right)\right] \left[\Phi\left(\left(b-\mu_2\right)/\sigma_2\right) - \Phi\left(\left(a-\mu_2\right)/\sigma_2\right)\right]} \mathrm{d}x_2 \end{aligned}$$

对第一项的分子积分得:

$$\begin{aligned} & \int_{a}^{b-x} \phi\left(\frac{x_2 + x - \mu_1}{\sigma_1}\right) \phi\left(\frac{x_2 - \mu_2}{\sigma_2}\right) \mathrm{d}x_2 \\ =\ & \frac{1}{2\pi} \int_{a}^{b-x} \exp\left(-\frac{\sigma_2^2 \left(x_2 + x - \mu_1\right)^2 + \sigma_1^2 \left(x_2 - \mu_2\right)^2}{2\sigma_1^2\sigma_2^2}\right) \mathrm{d}x_2 \\ =\ & \frac{1}{2\pi} \int_{a}^{b-x} \exp\left(-\frac{\left(\sigma_1^2 + \sigma_2^2\right) x_2^2 + 2\left(\sigma_2^2\left(x - \mu_1\right) - \sigma_1^2\mu_2\right) x_2 + \sigma_2^2\left(x - \mu_1\right)^2 + \sigma_1^2\mu_2^2}{2\sigma_1^2\sigma_2^2}\right) \mathrm{d}x_2 \\ =\ & \frac{1}{2\pi} \int_{a}^{b-x} \exp\left(-\frac{\sigma_1^2 + \sigma_2^2}{2\sigma_1^2\sigma_2^2}\left(\left(x_2^2 + 2x_2 \frac{\sigma_2^2\left(x - \mu_1\right) - \sigma_1^2\mu_2}{\sigma_1^2 + \sigma_2^2} + \left(\frac{\sigma_2^2\left(x - \mu_1\right) - \sigma_1^2\mu_2}{\sigma_1^2 + \sigma_2^2}\right)^2 \right.\right.\right. \end{aligned}$$

$$- \left(\frac{\sigma_2^2 \left(x - \mu_1 \right) - \sigma_1^2 \mu_2}{\sigma_1^2 + \sigma_2^2} \right)^2 + \left(\frac{\sigma_2^2 \left(x - \mu_1 \right)^2 + \sigma_1^2 \mu_2^2}{\sigma_1^2 + \sigma_2^2} \right) \Bigg) \Bigg) \Bigg) \Bigg) \mathrm{d}x_2$$

$$= \quad \frac{1}{2\pi} \int_a^{b-x} \exp \left(- \frac{\sigma_1^2 + \sigma_2^2}{2\sigma_1^2 \sigma_2^2} \left(\left(x_2 + \frac{\sigma_2^2 \left(x - \mu_1 \right) - \sigma_1^2 \mu_2}{\sigma_1^2 + \sigma_2^2} \right)^2 + \frac{\sigma_1^2 \sigma_2^2 \left(\left(x - \mu_1 \right) + \mu_2 \right)^2}{\left(\sigma_1^2 + \sigma_2 \right)^2} \right) \right) \mathrm{d}x_2$$

$$= \quad \frac{1}{\sqrt{2\pi}} \int_a^{b-x} \exp \left(- \frac{1}{2} \left(\frac{\left(\sigma_1^2 + \sigma_2^2 \right) x_2 + \sigma_2^2 \left(x - \mu_1 \right) - \sigma_1^2 \mu_2}{\sigma_1 \sigma_2 \sqrt{\sigma_1^2 + \sigma_2^2}} \right)^2 \right) \mathrm{d}x_2 \cdot \frac{1}{\sqrt{2\pi}} \exp \left(- \frac{1}{2} \left(\frac{\left(x - \mu_1 \right) + \mu_2}{\sqrt{\sigma_1^2 + \sigma_2^2}} \right)^2 \right)$$

$$= \quad \phi \left(\frac{\left(x - \mu_1 \right) + \mu_2}{\sqrt{\sigma_1^2 + \sigma_2^2}} \right) \cdot \frac{1}{\sqrt{2\pi}} \int_a^{b-x} \exp \left(- \frac{1}{2} \left(\frac{\left(\sigma_1^2 + \sigma_2^2 \right) x_2 + \sigma_2^2 \left(x - \mu_1 \right) - \sigma_1^2 \mu_2}{\sigma_1 \sigma_2 \sqrt{\sigma_1^2 + \sigma_2^2}} \right)^2 \right)$$

$$\mathrm{d} \left(\frac{\left(\sigma_1^2 + \sigma_2^2 \right) x_2 + \sigma_2^2 \left(x - \mu_1 \right) - \sigma_1^2 \mu_2}{\sigma_1 \sigma_2 \sqrt{\sigma_1^2 + \sigma_2^2}} \right) \cdot \frac{\sigma_1 \sigma_2}{\sqrt{\sigma_1^2 + \sigma_2^2}}$$

$$= \quad \phi \left(\frac{\left(x - \mu_1 \right) + \mu_2}{\sqrt{\sigma_1^2 + \sigma_2^2}} \right) \cdot \frac{\sigma_1 \sigma_2}{\sqrt{\sigma_1^2 + \sigma_2^2}} \left[\Phi \left(\frac{\left(\sigma_1^2 + \sigma_2^2 \right) \left(b - x \right) + \sigma_2^2 \left(x - \mu_1 \right) - \sigma_1^2 \mu_2}{\sigma_1 \sigma_2 \sqrt{\sigma_1^2 + \sigma_2^2}} \right) \right.$$

$$\left. - \Phi \left(\frac{\left(\sigma_1^2 + \sigma_2^2 \right) a + \sigma_2^2 \left(x - \mu_1 \right) - \sigma_1^2 \mu_2}{\sigma_1 \sigma_2 \sqrt{\sigma_1^2 + \sigma_2^2}} \right) \right]$$

$$= \quad \phi \left(\frac{x - \left(\mu_1 - \mu_2 \right)}{\sqrt{\sigma_1^2 + \sigma_2^2}} \right) \cdot \frac{\sigma_1 \sigma_2}{\sqrt{\sigma_1^2 + \sigma_2^2}} \left[\Phi \left(\frac{\sqrt{\sigma_1^2 + \sigma_2^2}}{\sigma_1 \sigma_2} b - \frac{\sigma_1}{\sigma_2 \sqrt{\sigma_1^2 + \sigma_2^2}} x - \frac{\sigma_1^2 \mu_2 + \sigma_2^2 \mu_1}{\sigma_1 \sigma_2 \sqrt{\sigma_1^2 + \sigma_2^2}} \right) \right.$$

$$\left. - \Phi \left(\frac{\sqrt{\sigma_1^2 + \sigma_2^2}}{\sigma_1 \sigma_2} a + \frac{\sigma_2}{\sigma_1 \sqrt{\sigma_1^2 + \sigma_2^2}} x - \frac{\sigma_1^2 \mu_2 + \sigma_2^2 \mu_1}{\sigma_1 \sigma_2 \sqrt{\sigma_1^2 + \sigma_2^2}} \right) \right]$$

$$= \quad \frac{\sigma_1 \sigma_2}{\sigma_d} \phi \left(\frac{x - \mu_d}{\sigma_d} \right) \left[\Phi \left(\frac{\sigma_d}{\sigma_1 \sigma_2} b - \frac{\sigma_1}{\sigma_2 \sigma_d} x - \rho_d \right) - \Phi \left(\frac{\sigma_d}{\sigma_1 \sigma_2} a + \frac{\sigma_2}{\sigma_1 \sigma_d} x - \rho_d \right) \right].$$

对第二项的分子积分得:

$$\int_{a+x}^b \phi \left(\left(x_2 - x - \mu_1 \right) / \sigma_1 \right) \phi \left(\left(x_2 - \mu_2 \right) / \sigma_2 \right) \mathrm{d}x_2$$

$$= \quad \frac{1}{2\pi} \int_{a+x}^b \exp \left(- \frac{\left(x_2 - x - \mu_1 \right)^2}{2\sigma_1^2} - \frac{\left(x_2 - \mu_2 \right)^2}{2\sigma_2^2} \right) \mathrm{d}x_2$$

$$= \quad \frac{1}{2\pi} \int_{a+x}^b \exp \left(- \frac{\sigma_2^2 \left(x_2 - x - \mu_1 \right)^2 + \sigma_1^2 \left(x_2 - \mu_2 \right)^2}{2\sigma_1^2 \sigma_2^2} \right) \mathrm{d}x_2$$

$$= \quad \frac{1}{2\pi} \int_{a+x}^b \exp \left(- \frac{\left(\sigma_1^2 + \sigma_2^2 \right) x_2^2 - 2 \left(\sigma_2^2 \left(x + \mu_1 \right) + \sigma_1^2 \mu_2 \right) x_2 + \sigma_2^2 \left(x + \mu_1 \right)^2 + \sigma_1^2 \mu_2^2}{2\sigma_1^2 \sigma_2^2} \right) \mathrm{d}x_2$$

$$= \quad \frac{1}{2\pi} \int_{a+x}^b \exp \left(- \frac{\sigma_1^2 + \sigma_2^2}{2\sigma_1^2 \sigma_2^2} \left(x_2^2 - 2x_2 \frac{\sigma_2^2 \left(x + \mu_1 \right) + \sigma_1^2 \mu_2}{\sigma_1^2 + \sigma_2^2} + \left(\frac{\sigma_2^2 \left(x + \mu_1 \right) + \sigma_1^2 \mu_2}{\sigma_1^2 + \sigma_2^2} \right)^2 \right. \right.$$

$$\left. \left. - \left(\frac{\sigma_2^2 \left(x + \mu_1 \right) + \sigma_1^2 \mu_2}{\sigma_1^2 + \sigma_2^2} \right)^2 + \frac{\sigma_2^2 \left(x + \mu_1 \right)^2 + \sigma_1^2 \mu_2^2}{\sigma_1^2 + \sigma_2^2} \right) \right) \mathrm{d}x_2$$

$$
= \frac{1}{2\pi} \int_{a+x}^{b} \exp\left(-\frac{\sigma_1^2 + \sigma_2^2}{2\sigma_1^2\sigma_2^2} \left(\left(x_2 - \frac{\sigma_2^2\left(x+\mu_1\right)+\sigma_1^2\mu_2}{\sigma_1^2+\sigma_2^2} \right)^2 + \frac{\sigma_1^2\sigma_2^2\left(\left(x+\mu_1\right)-\mu_2\right)^2}{\left(\sigma_1^2+\sigma_2^2\right)^2} \right) \right) \mathrm{d}x_2
$$

$$
= \frac{1}{\sqrt{2\pi}} \int_{a+x}^{b} \exp\left(-\frac{1}{2} \left(\frac{\left(\sigma_1^2+\sigma_2^2\right)x_2 - \sigma_2^2\left(x+\mu_1\right) - \sigma_1^2\mu_2}{\sigma_1\sigma_2\sqrt{\sigma_1^2+\sigma_2^2}} \right)^2 \right) \mathrm{d}x_2 \cdot \frac{1}{\sqrt{2\pi}} \exp\left(-\frac{1}{2}\left(\frac{\left(x+\mu_1\right)-\mu_2}{\sqrt{\sigma_1^2+\sigma_2^2}} \right)^2 \right)
$$

$$
= \int_{a+x}^{b} \exp\left(-\frac{1}{2}\left(\frac{\left(\sigma_1^2+\sigma_2^2\right)x_2 - \sigma_2^2\left(x+\mu_1\right) - \sigma_1^2\mu_2}{\sigma_1\sigma_2\sqrt{\sigma_1^2+\sigma_2^2}} \right)^2 \right)
$$
$$
\mathrm{d}\left(\frac{\left(\sigma_1^2+\sigma_2^2\right)x_2 - \sigma_2^2\left(x+\mu_1\right) - \sigma_1^2\mu_2}{\sigma_1\sigma_2\sqrt{\sigma_1^2+\sigma_2^2}} \right) \cdot \phi\left(\frac{\left(x+\mu_1\right)-\mu_2}{\sqrt{\sigma_1^2+\sigma_2^2}} \right) \cdot \frac{1}{\sqrt{2\pi}} \frac{\sigma_1\sigma_2}{\sqrt{\sigma_1^2+\sigma_2^2}}
$$

$$
= \phi\left(\frac{\left(x+\mu_1\right)-\mu_2}{\sqrt{\sigma_1^2+\sigma_2^2}} \right) \cdot \frac{\sigma_1\sigma_2}{\sqrt{\sigma_1^2+\sigma_2^2}} \left[\Phi\left(\frac{\left(\sigma_1^2+\sigma_2^2\right)b - \sigma_2^2\left(x+\mu_1\right) - \sigma_1^2\mu_2}{\sigma_1\sigma_2\sqrt{\sigma_1^2+\sigma_2^2}} \right) \right.
$$
$$
\left. - \Phi\left(\frac{\left(\sigma_1^2+\sigma_2^2\right)\left(a+x\right) - \sigma_2^2\left(x+\mu_1\right) - \sigma_1^2\mu_2}{\sigma_1\sigma_2\sqrt{\sigma_1^2+\sigma_2^2}} \right) \right]
$$

$$
= \phi\left(\frac{x+\left(\mu_1-\mu_2\right)}{\sqrt{\sigma_1^2+\sigma_2^2}} \right) \cdot \frac{\sigma_1\sigma_2}{\sqrt{\sigma_1^2+\sigma_2^2}} \left[\Phi\left(\frac{\sqrt{\sigma_1^2+\sigma_2^2}}{\sigma_1\sigma_2}b - \frac{\sigma_2}{\sigma_1\sqrt{\sigma_1^2+\sigma_2^2}}x - \frac{\sigma_1^2\mu_2+\sigma_2^2\mu_1}{\sigma_1\sigma_2\sqrt{\sigma_1^2+\sigma_2^2}} \right) \right.
$$
$$
\left. - \Phi\left(\frac{\sqrt{\sigma_1^2+\sigma_2^2}}{\sigma_1\sigma_2}a + \frac{\sigma_1}{\sigma_2\sqrt{\sigma_1^2+\sigma_2^2}}x - \frac{\sigma_1^2\mu_2+\sigma_2^2\mu_1}{\sigma_1\sigma_2\sqrt{\sigma_1^2+\sigma_2^2}} \right) \right]
$$

$$
= \frac{\sigma_1\sigma_2}{\sigma_d}\phi\left(\frac{x+\mu_d}{\sigma_d} \right) \left[\Phi\left(\frac{\sigma_d}{\sigma_1\sigma_2}b - \frac{\sigma_2}{\sigma_1\sigma_d}x - \rho_d \right) - \Phi\left(\frac{\sigma_d}{\sigma_1\sigma_2}a + \frac{\sigma_1}{\sigma_2\sigma_d}x - \rho_d \right) \right].
$$

因此,

$$
f_{|X_1-X_2|}(x)
$$
$$
= \left\{ \sigma_1\sigma_2 \left[\Phi\left(\frac{b-\mu_1}{\sigma_1} \right) - \Phi\left(\frac{a-\mu_1}{\sigma_1} \right) \right] \left[\Phi\left(\frac{b-\mu_2}{\sigma_2} \right) - \Phi\left(\frac{a-\mu_2}{\sigma_2} \right) \right] \right\}^{-1}
$$
$$
\left[\int_a^{b-x} \phi\left(\frac{x_2+x-\mu_1}{\sigma_1} \right) \phi\left(\frac{x_2-\mu_2}{\sigma_2} \right) \mathrm{d}x_2 + \int_{a+x}^b \phi\left(\frac{x_2-x-\mu_1}{\sigma_1} \right) \phi\left(\frac{x_2-\mu_2}{\sigma_2} \right) \mathrm{d}x_2 \right]
$$
$$
= \left\{ \sigma_1\sigma_2 \left[\Phi\left(\frac{b-\mu_1}{\sigma_1} \right) - \Phi\left(\frac{a-\mu_1}{\sigma_1} \right) \right] \left[\Phi\left(\frac{b-\mu_2}{\sigma_2} \right) - \Phi\left(\frac{a-\mu_2}{\sigma_2} \right) \right] \right\}^{-1}
$$
$$
\cdot \frac{\sigma_1\sigma_2}{\sigma_d} \left\{ \phi\left(\frac{x-\mu_d}{\sigma_d} \right) \left[\Phi\left(\frac{\sigma_d}{\sigma_1\sigma_2}b - \frac{\sigma_1}{\sigma_2\sigma_d}x - \rho_d \right) - \Phi\left(\frac{\sigma_d}{\sigma_1\sigma_2}a + \frac{\sigma_2}{\sigma_1\sigma_d}x - \rho_d \right) \right] \right.
$$
$$
\left. + \phi\left(\frac{x+\mu_d}{\sigma_d} \right) \left[\Phi\left(\frac{\sigma_d}{\sigma_1\sigma_2}b - \frac{\sigma_2}{\sigma_1\sigma_d}x - \rho_d \right) - \Phi\left(\frac{\sigma_d}{\sigma_1\sigma_2}a + \frac{\sigma_1}{\sigma_2\sigma_d}x - \rho_d \right) \right] \right\}
$$
$$
= \left\{ \sigma_d \left[\Phi\left(\frac{b-\mu_1}{\sigma_1} \right) - \Phi\left(\frac{a-\mu_1}{\sigma_1} \right) \right] \left[\Phi\left(\frac{b-\mu_2}{\sigma_2} \right) - \Phi\left(\frac{a-\mu_2}{\sigma_2} \right) \right] \right\}^{-1}
$$
$$
\left\{ \phi\left(\frac{x-\mu_d}{\sigma_d} \right) \left[\Phi\left(\frac{\sigma_d}{\sigma_1\sigma_2}b - \frac{\sigma_1}{\sigma_2\sigma_d}x - \rho_d \right) - \Phi\left(\frac{\sigma_d}{\sigma_1\sigma_2}a + \frac{\sigma_2}{\sigma_1\sigma_d}x - \rho_d \right) \right] \right.
$$
$$
\left. + \phi\left(\frac{x+\mu_d}{\sigma_d} \right) \left[\Phi\left(\frac{\sigma_d}{\sigma_1\sigma_2}b - \frac{\sigma_2}{\sigma_1\sigma_d}x - \rho_d \right) - \Phi\left(\frac{\sigma_d}{\sigma_1\sigma_2}a + \frac{\sigma_1}{\sigma_2\sigma_d}x - \rho_d \right) \right] \right\}.
$$

得证.

定理 8.26 若 $X_1 \sim N^{0,+\infty}\left(\mu_1, \sigma_1^2\right)$, $X_2 \sim N^{0,+\infty}\left(\mu_2, \sigma_2^2\right)$, 且 X_1 与 X_2 相互独立, 则随机变量 $|X_1 - X_2|$ 的概率密度函数为:

$$
f_{|X_1-X_2|}(x) = \begin{cases} \left[\sigma_d \Phi\left(\mu_1/\sigma_1\right)\Phi\left(\mu_2/\sigma_2\right)\right]^{-1}\left[\phi\left((x-\mu_d)/\sigma_d\right)\Phi\left(\rho_d - \sigma_2/(\sigma_1\sigma_d)x\right)\right. \\ \quad \left.+ \phi\left((x+\mu_d)/\sigma_d\right)\Phi\left(\rho_d - \sigma_1/(\sigma_2\sigma_d)x\right)\right], & x > 0 \\ 0, & x \leqslant 0 \end{cases}.
$$

定义 8.27 定义 $S_2\left(\mu_1, \mu_2, \sigma_1, \sigma_2, a, b\right) = E|X_1 - X_2|$, 其中 $X_1 \sim N^{a,b}\left(\mu_1, \sigma_1^2\right)$, $X_2 \sim N^{a,b}\left(\mu_2, \sigma_2^2\right)$, 且 X_1 与 X_2 相互独立.

定理 8.28 若 $X_1 \sim N^{a,b}\left(\mu_1, \sigma_1^2\right)$, $X_2 \sim N^{a,b}\left(\mu_2, \sigma_2^2\right)$, 且 X_1 与 X_2 相互独立, 则

$$
S_2\left(\mu_1, \mu_2, \sigma_1, \sigma_2, a, b\right) = \left[\left(\Phi\left(\frac{b-\mu_1}{\sigma_1}\right) - \Phi\left(\frac{a-\mu_1}{\sigma_1}\right)\right)\left(\Phi\left(\frac{b-\mu_2}{\sigma_2}\right) - \Phi\left(\frac{a-\mu_2}{\sigma_2}\right)\right)\right]^{-1}
$$
$$
\cdot \sigma_d K\left(\mu_1, \mu_2, \sigma_1, \sigma_2, a, b\right),
$$

其中, $S_2\left(\mu_1, \mu_2, \sigma_1, \sigma_2, a, b\right)$ 的定义见定义 8.27, 且

$$
K\left(\mu_1, \mu_2, \sigma_1, \sigma_2, a, b\right) = \int_0^{(b-a)/\sigma_d} x\left\{\phi\left(x - \frac{\mu_d}{\sigma_d}\right)\left[\Phi\left(\frac{\sigma_d}{\sigma_1\sigma_2}b - \frac{\sigma_1}{\sigma_2}x - \rho_d\right) - \Phi\left(\frac{\sigma_d}{\sigma_1\sigma_2}a + \frac{\sigma_2}{\sigma_1}x - \rho_d\right)\right]\right.
$$
$$
\left. + \phi\left(x + \frac{\mu_d}{\sigma_d}\right)\left[\Phi\left(\frac{\sigma_d}{\sigma_1\sigma_2}b - \frac{\sigma_2}{\sigma_1}x - \rho_d\right) - \Phi\left(\frac{\sigma_d}{\sigma_1\sigma_2}a + \frac{\sigma_1}{\sigma_2}x - \rho_d\right)\right]\right\}\mathrm{d}x.
$$

证明: 根据定义 8.27 可知:

$$
S_2\left(\mu_1, \mu_2, \sigma_1, \sigma_2, a, b\right)
$$
$$
= E|X_1 - X_2|
$$
$$
= \int_0^{+\infty} x f_{|X_1-X_2|}(x)\,\mathrm{d}x
$$
$$
= \int_0^{b-a} x\left\{\sigma_d\left[\Phi\left(\frac{b-\mu_1}{\sigma_1}\right) - \Phi\left(\frac{a-\mu_1}{\sigma_1}\right)\right]\left[\Phi\left(\frac{b-\mu_2}{\sigma_2}\right) - \Phi\left(\frac{a-\mu_2}{\sigma_2}\right)\right]\right\}^{-1}
$$
$$
\left\{\phi\left(\frac{x-\mu_d}{\sigma_d}\right)\left[\Phi\left(\frac{\sigma_d}{\sigma_1\sigma_2}b - \frac{\sigma_1}{\sigma_2\sigma_d}x - \rho_d\right) - \Phi\left(\frac{\sigma_d}{\sigma_1\sigma_2}a + \frac{\sigma_2}{\sigma_1\sigma_d}x - \rho_d\right)\right]\right.
$$
$$
\left. + \phi\left(\frac{x+\mu_d}{\sigma_d}\right)\left[\Phi\left(\frac{\sigma_d}{\sigma_1\sigma_2}b - \frac{\sigma_2}{\sigma_1\sigma_d}x - \rho_d\right) - \Phi\left(\frac{\sigma_d}{\sigma_1\sigma_2}a + \frac{\sigma_1}{\sigma_2\sigma_d}x - \rho_d\right)\right]\right\}\mathrm{d}x
$$
$$
= \left\{\sigma_d\left[\Phi\left(\frac{b-\mu_1}{\sigma_1}\right) - \Phi\left(\frac{a-\mu_1}{\sigma_1}\right)\right]\left[\Phi\left(\frac{b-\mu_2}{\sigma_2}\right) - \Phi\left(\frac{a-\mu_2}{\sigma_2}\right)\right]\right\}^{-1}
$$
$$
\cdot \left\{\int_0^{b-a} x\phi\left(\frac{x-\mu_d}{\sigma_d}\right)\left[\Phi\left(\frac{\sigma_d}{\sigma_1\sigma_2}b - \frac{\sigma_1}{\sigma_2\sigma_d}x - \rho_d\right) - \Phi\left(\frac{\sigma_d}{\sigma_1\sigma_2}a + \frac{\sigma_2}{\sigma_1\sigma_d}x - \rho_d\right)\right]\mathrm{d}x\right.
$$

$$+\int_{0}^{b-a}x\phi\left(\frac{x+\mu_d}{\sigma_d}\right)\left[\Phi\left(\frac{\sigma_d}{\sigma_1\sigma_2}b-\frac{\sigma_2}{\sigma_1\sigma_d}x-\rho_d\right)-\Phi\left(\frac{\sigma_d}{\sigma_1\sigma_2}a+\frac{\sigma_1}{\sigma_2\sigma_d}x-\rho_d\right)\right]\mathrm{d}x\bigg\}$$

令 $x/\sigma_d=t$, 则 $x=\sigma_d t$, 且 $\mathrm{d}x=\sigma_d\mathrm{d}t$, 故

$$\int_{0}^{b-a}x\phi\left(\frac{x-\mu_d}{\sigma_d}\right)\left[\Phi\left(\frac{\sigma_d}{\sigma_1\sigma_2}b-\frac{\sigma_1}{\sigma_2\sigma_d}x-\rho_d\right)-\Phi\left(\frac{\sigma_d}{\sigma_1\sigma_2}a+\frac{\sigma_2}{\sigma_1\sigma_d}x-\rho_d\right)\right]\mathrm{d}x$$

$$=\int_{0}^{(b-a)/\sigma_d}\sigma_d t\phi\left(t-\frac{\mu_d}{\sigma_d}\right)\left[\Phi\left(\frac{\sigma_d}{\sigma_1\sigma_2}b-\frac{\sigma_1}{\sigma_2}t-\rho_d\right)-\Phi\left(\frac{\sigma_d}{\sigma_1\sigma_2}a+\frac{\sigma_2}{\sigma_1}t-\rho_d\right)\right]\cdot\sigma_d\mathrm{d}t$$

$$=\sigma_d{}^2\int_{0}^{(b-a)/\sigma_d}t\phi\left(t-\frac{\mu_d}{\sigma_d}\right)\left[\Phi\left(\frac{\sigma_d}{\sigma_1\sigma_2}b-\frac{\sigma_1}{\sigma_2}t-\rho_d\right)-\Phi\left(\frac{\sigma_d}{\sigma_1\sigma_2}a+\frac{\sigma_2}{\sigma_1}t-\rho_d\right)\right]\mathrm{d}t$$

同理,

$$\int_{0}^{b-a}x\phi\left(\frac{x+\mu_d}{\sigma_d}\right)\left[\Phi\left(\frac{\sigma_d}{\sigma_1\sigma_2}b-\frac{\sigma_2}{\sigma_1\sigma_d}x-\rho_d\right)-\Phi\left(\frac{\sigma_d}{\sigma_1\sigma_2}a+\frac{\sigma_1}{\sigma_2\sigma_d}x-\rho_d\right)\right]\mathrm{d}x$$

$$=\int_{0}^{(b-a)/\sigma_d}\sigma_d t\phi\left(t+\frac{\mu_d}{\sigma_d}\right)\left[\Phi\left(\frac{\sigma_d}{\sigma_1\sigma_2}b-\frac{\sigma_2}{\sigma_1}t-\rho_d\right)-\Phi\left(\frac{\sigma_d}{\sigma_1\sigma_2}a+\frac{\sigma_1}{\sigma_2}t-\rho_d\right)\right]\cdot\sigma_d\mathrm{d}t$$

$$=\sigma_d{}^2\int_{0}^{(b-a)/\sigma_d}t\phi\left(t+\frac{\mu_d}{\sigma_d}\right)\left[\Phi\left(\frac{\sigma_d}{\sigma_1\sigma_2}b-\frac{\sigma_2}{\sigma_1}t-\rho_d\right)-\Phi\left(\frac{\sigma_d}{\sigma_1\sigma_2}a+\frac{\sigma_1}{\sigma_2}t-\rho_d\right)\right]\mathrm{d}t$$

因此,

$$S_2\left(\mu_1,\mu_2,\sigma_1,\sigma_2,a,b\right)$$
$$=\left\{\sigma_d\left[\Phi\left(\frac{b-\mu_1}{\sigma_1}\right)-\Phi\left(\frac{a-\mu_1}{\sigma_1}\right)\right]\left[\Phi\left(\frac{b-\mu_2}{\sigma_2}\right)-\Phi\left(\frac{a-\mu_2}{\sigma_2}\right)\right]\right\}^{-1}\cdot\sigma_d^2 K\left(\mu_1,\mu_2,\sigma_1,\sigma_2,a,b\right)$$
$$=\left\{\left[\Phi\left(\frac{b-\mu_1}{\sigma_1}\right)-\Phi\left(\frac{a-\mu_1}{\sigma_1}\right)\right]\left[\Phi\left(\frac{b-\mu_2}{\sigma_2}\right)-\Phi\left(\frac{a-\mu_2}{\sigma_2}\right)\right]\right\}^{-1}\cdot\sigma_d K\left(\mu_1,\mu_2,\sigma_1,\sigma_2,a,b\right).$$

得证.

定理 8.29 若 $X_1\sim N^{a,b}\left(\mu_1,\sigma_1^2\right)$, $X_2\sim N^{a,b}\left(\mu_2,\sigma_2^2\right)$, 且 X_1 与 X_2 相互独立, 则当 $a=0$, $b\to+\infty$ 时, 下式成立:

$$S_2(\mu_1,\mu_2,\sigma_1,\sigma_2,a,b)=[\Phi(\mu_1/\sigma_1)\,\Phi(\mu_2/\sigma_2)]^{-1}\left[A\left(\mu_1-\mu_2,\sigma_1^2+\sigma_2^2\right)-\sqrt{\sigma_1^2+\sigma_2^2}\cdot C\left(\mu_1,\mu_2,\sigma_1,\sigma_2\right)\right],$$

其中, $S_2\left(\mu_1,\mu_2,\sigma_1,\sigma_2\right)$ 的定义见定义 8.27, 且

$$C\left(\mu_1,\mu_2,\sigma_1,\sigma_2\right)=\int_{0}^{+\infty}x\left[\phi\left(x-\frac{\mu_d}{\sigma_d}\right)\Phi\left(\frac{\sigma_2}{\sigma_1}x-\rho_d\right)+\phi\left(x+\frac{\mu_d}{\sigma_d}\right)\Phi\left(\frac{\sigma_1}{\sigma_2}x-\rho_d\right)\right]\mathrm{d}x.$$

证明: 根据定理 8.28 可知, 当 $a=0, b\to+\infty$ 时,

$$S_2\left(\mu_1,\mu_2,\sigma_1,\sigma_2,a,b\right)$$

$$= \left\{ \left[1 - \Phi\left(-\frac{\mu_1}{\sigma_1} \right) \right] \left[1 - \Phi\left(-\frac{\mu_2}{\sigma_2} \right) \right] \right\}^{-1} \cdot \sigma_d K\left(\mu_1, \mu_2, \sigma_1, \sigma_2, a, b \right)$$

$$= \left[\Phi\left(\frac{\mu_1}{\sigma_1} \right) \Phi\left(\frac{\mu_2}{\sigma_2} \right) \right]^{-1} \cdot \sigma_d K\left(\mu_1, \mu_2, \sigma_1, \sigma_2, a, b \right),$$

其中，

$$K\left(\mu_1, \mu_2, \sigma_1, \sigma_2, a, b \right)$$

$$= \int_0^{+\infty} x \left\{ \phi\left(x - \frac{\mu_d}{\sigma_d} \right) \left[1 - \Phi\left(\frac{\sigma_2}{\sigma_1} x - \rho_d \right) \right] + \phi\left(x + \frac{\mu_d}{\sigma_d} \right) \left[1 - \Phi\left(\frac{\sigma_1}{\sigma_2} x - \rho_d \right) \right] \right\} \mathrm{d}x$$

$$= \int_0^{+\infty} x \left[\phi\left(x - \frac{\mu_d}{\sigma_d} \right) + \phi\left(x + \frac{\mu_d}{\sigma_d} \right) \right] \mathrm{d}x - \int_0^{+\infty} x \left[\phi\left(x - \frac{\mu_d}{\sigma_d} \right) \Phi\left(\frac{\sigma_2}{\sigma_1} x - \rho_d \right) \right.$$

$$\left. + \phi\left(x + \frac{\mu_d}{\sigma_d} \right) \Phi\left(\frac{\sigma_1}{\sigma_2} x - \rho_d \right) \right] \mathrm{d}x$$

$$= \int_0^{+\infty} x \left[\phi\left(x - \frac{\mu_d}{\sigma_d} \right) + \phi\left(x + \frac{\mu_d}{\sigma_d} \right) \right] \mathrm{d}x - C\left(\mu_1, \mu_2, \sigma_1, \sigma_2 \right).$$

此外，

$$\int_0^{+\infty} x \phi\left(x - \frac{\mu_d}{\sigma_d} \right) \mathrm{d}x$$

$$= \int_0^{+\infty} \left(x - \frac{\mu_d}{\sigma_d} \right) \phi\left(x - \frac{\mu_d}{\sigma_d} \right) \mathrm{d}x + \int_0^{+\infty} \frac{\mu_d}{\sigma_d} \phi\left(x - \frac{\mu_d}{\sigma_d} \right) \mathrm{d}x$$

$$= \int_0^{+\infty} \left(x - \frac{\mu_d}{\sigma_d} \right) \frac{1}{\sqrt{2\pi}} \exp\left(-\frac{1}{2} \left(x - \frac{\mu_d}{\sigma_d} \right)^2 \right) \mathrm{d}x + \int_0^{+\infty} \frac{\mu_d}{\sigma_d} \phi\left(x - \frac{\mu_d}{\sigma_d} \right) \mathrm{d}x$$

$$= -\int_0^{+\infty} \frac{1}{\sqrt{2\pi}} \mathrm{d}\exp\left(-\frac{1}{2} \left(x - \frac{\mu_d}{\sigma_d} \right)^2 \right) + \frac{\mu_d}{\sigma_d} \int_0^{+\infty} \mathrm{d}\Phi\left(x - \frac{\mu_d}{\sigma_d} \right)$$

$$= -\frac{1}{\sqrt{2\pi}} \exp\left(-\frac{1}{2} \left(x - \frac{\mu_d}{\sigma_d} \right)^2 \right) \Big|_{x=0}^{+\infty} + \frac{\mu_d}{\sigma_d} \Phi\left(x - \frac{\mu_d}{\sigma_d} \right) \Big|_{x=0}^{+\infty}$$

$$= \frac{1}{\sqrt{2\pi}} \exp\left(-\frac{1}{2} \left(\frac{\mu_d}{\sigma_d} \right)^2 \right) + \frac{\mu_d}{\sigma_d} \Phi\left(\frac{\mu_d}{\sigma_d} \right)$$

$$= \phi\left(\frac{\mu_d}{\sigma_d} \right) + \frac{\mu_d}{\sigma_d} \Phi\left(\frac{\mu_d}{\sigma_d} \right).$$

同理，

$$\int_0^{+\infty} x \phi\left(x + \frac{\mu_d}{\sigma_d} \right) \mathrm{d}x$$

$$= \int_0^{+\infty} \left(x + \frac{\mu_d}{\sigma_d} \right) \phi\left(x + \frac{\mu_d}{\sigma_d} \right) \mathrm{d}x - \int_0^{+\infty} \frac{\mu_d}{\sigma_d} \phi\left(x + \frac{\mu_d}{\sigma_d} \right) \mathrm{d}x$$

$$= \int_0^{+\infty} \left(x + \frac{\mu_d}{\sigma_d} \right) \frac{1}{\sqrt{2\pi}} \exp\left(-\frac{1}{2} \left(x + \frac{\mu_d}{\sigma_d} \right)^2 \right) \mathrm{d}x - \int_0^{+\infty} \frac{\mu_d}{\sigma_d} \phi\left(x + \frac{\mu_d}{\sigma_d} \right) \mathrm{d}x$$

$$
\begin{aligned}
&= -\int_0^{+\infty} \frac{1}{\sqrt{2\pi}} \mathrm{d}\exp\left(-\frac{1}{2}\left(x + \frac{\mu_d}{\sigma_d}\right)^2\right) - \frac{\mu_d}{\sigma_d}\int_0^{+\infty} \mathrm{d}\Phi\left(x + \frac{\mu_d}{\sigma_d}\right) \\
&= -\frac{1}{\sqrt{2\pi}}\exp\left(-\frac{1}{2}\left(x + \frac{\mu_d}{\sigma_d}\right)^2\right)\Big|_{x=0}^{+\infty} - \frac{\mu_d}{\sigma_d}\Phi\left(x + \frac{\mu_d}{\sigma_d}\right)\Big|_{x=0}^{+\infty} \\
&= \frac{1}{\sqrt{2\pi}}\exp\left(-\frac{1}{2}\left(\frac{\mu_d}{\sigma_d}\right)^2\right) - \frac{\mu_d}{\sigma_d}\left[1 - \Phi\left(\frac{\mu_d}{\sigma_d}\right)\right] \\
&= \phi\left(\frac{\mu_d}{\sigma_d}\right) + \frac{\mu_d}{\sigma_d}\Phi\left(\frac{\mu_d}{\sigma_d}\right) - \frac{\mu_d}{\sigma_d}.
\end{aligned}
$$

所以,

$$
\begin{aligned}
&K\left(\mu_1, \mu_2, \sigma_1, \sigma_2, a, b\right) \\
&= \phi\left(\frac{\mu_d}{\sigma_d}\right) + \frac{\mu_d}{\sigma_d}\Phi\left(\frac{\mu_d}{\sigma_d}\right) + \phi\left(\frac{\mu_d}{\sigma_d}\right) + \frac{\mu_d}{\sigma_d}\Phi\left(\frac{\mu_d}{\sigma_d}\right) - \frac{\mu_d}{\sigma_d} - C\left(\mu_1, \mu_2, \sigma_1, \sigma_2\right) \\
&= 2\phi\left(\frac{\mu_d}{\sigma_d}\right) + 2\frac{\mu_d}{\sigma_d}\Phi\left(\frac{\mu_d}{\sigma_d}\right) - \frac{\mu_d}{\sigma_d} - C\left(\mu_1, \mu_2, \sigma_1, \sigma_2\right).
\end{aligned}
$$

故

$$
\begin{aligned}
&S_2\left(\mu_1, \mu_2, \sigma_1, \sigma_2\right) \\
&= \left[\Phi\left(\frac{\mu_1}{\sigma_1}\right)\Phi\left(\frac{\mu_2}{\sigma_2}\right)\right]^{-1} \cdot \sigma_d K\left(\mu_1, \mu_2, \sigma_1, \sigma_2, a, b\right) \\
&= \left[\Phi\left(\frac{\mu_1}{\sigma_1}\right)\Phi\left(\frac{\mu_2}{\sigma_2}\right)\right]^{-1} \cdot \sigma_d \left[2\phi\left(\frac{\mu_d}{\sigma_d}\right) + 2\frac{\mu_d}{\sigma_d}\Phi\left(\frac{\mu_d}{\sigma_d}\right) - \frac{\mu_d}{\sigma_d} - C\left(\mu_1, \mu_2, \sigma_1, \sigma_2\right)\right] \\
&= \left[\Phi\left(\frac{\mu_1}{\sigma_1}\right)\Phi\left(\frac{\mu_2}{\sigma_2}\right)\right]^{-1} \left[\mu_d\left(2\Phi\left(\frac{\mu_d}{\sigma_d}\right) - 1\right) + 2\sigma_d\phi\left(\frac{\mu_d}{\sigma_d}\right) - \sigma_d C\left(\mu_1, \mu_2, \sigma_1, \sigma_2\right)\right] \\
&= \left[\Phi\left(\frac{\mu_1}{\sigma_1}\right)\Phi\left(\frac{\mu_2}{\sigma_2}\right)\right]^{-1} \left[A\left(\mu_1 - \mu_2, \sigma_1^2 + \sigma_2^2\right) - \sqrt{\sigma_1^2 + \sigma_2^2}\, C\left(\mu_1, \mu_2, \sigma_1, \sigma_2\right)\right],
\end{aligned}
$$

其中,

$$
\begin{aligned}
A\left(\mu_1 - \mu_2, \sigma_1^2 + \sigma_2^2\right) &= \mu_d\left[2\Phi\left(\frac{\mu_d}{\sigma_d}\right) - 1\right] + 2\sigma_d\phi\left(\frac{\mu_d}{\sigma_d}\right) \\
&= \left(\mu_1 - \mu_2\right)\left[2\Phi\left(\frac{\mu_1 - \mu_2}{\sqrt{\sigma_1^2 + \sigma_2^2}}\right) - 1\right] + 2\sqrt{\sigma_1^2 + \sigma_2^2}\,\phi\left(\frac{\mu_1 - \mu_2}{\sqrt{\sigma_1^2 + \sigma_2^2}}\right).
\end{aligned}
$$

得证.

通过以上结论, 便可得出 CRPS 的解析表达式. 以下来看如何根据该解析表达式得到数据的概率分布拟合预测结果.

8.3 参数估计方法

8.3.1 截尾点参数估计方法

首先给出截尾点参数的估计方法. 在此之前, 先对数据归一化方法进行探讨.

通常, 人们采用如下所示的步骤 1 对不同量纲以及不同取值范围的变量进行归一化, 以消除不同量纲以及不同取值范围对模型结果的影响.

步骤 1:

$$x_i^{\text{basis}} = \frac{x_i - \min_{i=1}^n \{x_i\}}{\max_{i=1}^n \{x_i\} - \min_{i=1}^n \{x_i\}}, \tag{8.2}$$

但是, 使用此方法仅能将数据归一化到 [0,1] 区间. 故在此基础上, 使用步骤 2 便可将数据归一化到区间 $[L, U]$.

步骤 2:

$$x_i^{\text{final}} = x_i^{\text{basis}} \cdot (U - L) + L. \tag{8.3}$$

不同于该数据归一化方法, 本章介绍另外一种数据归一化方法.

常见数据中常包含一些异常值. 所谓异常值, 是指数据序列中与其他数据的表现形式不一致的数据. 异常值检测在现实生活中的众多领域都起着很重要的作用. 假设用于训练的正常数据以及异常数据序列分别为 $\{x_i^{\text{normal}}\}_{i=1}^{n_1}$ 和 $\{x_i^{\text{anomalous}}\}_{i=1}^{n_2}$, 首先给出下列两个变量的定义:

定义 8.30 定义

$$Min = \max \left\{ \min_{i=1}^{n_1} \left\{ x_i^{\text{normal}} \right\}, \min_{j=1}^{n_2} \left\{ x_j^{\text{anomalous}} \right\} \right\},$$
$$Max = \min \left\{ \max_{i=1}^{n_1} \left\{ x_i^{\text{normal}} \right\}, \max_{j=1}^{n_2} \left\{ x_j^{\text{anomalous}} \right\} \right\}.$$

注 8.31 定义 8.30 中的 Min 以及 Max 均是针对一维数据而言, 若数据维数大于 1, 只需对所有数据的每一维分量按照定义 8.30 分别给出定义即可.

用定义 8.30 中的 Min 和 Max 分别代替式 (8.2) 中的 $\min_{i=1}^n \{x_i\}$ 和 $\max_{i=1}^n \{x_i\}$, 便可得到数据归一化的另一种方法.

定义 8.32 按如下方法对数据进行归一化:

$$x_i^{\text{basis}} = \frac{x_i - Min}{Max - Min},$$
$$x_i^{\text{final}} = x_i^{\text{basis}} \cdot (U - L) + L.$$

如此便能使归一化后的异常数据与正常数据的实际分布范围交集更小. 基于此一维数据的数据归一化方法, 介绍本章的截尾点参数估计方法.

首先想到一种很自然的截尾点参数估计方法: 将最终归一化的目标区间的左、右端点分别作为左、右截尾点参数的估计值, 即:

$$\begin{cases} \hat{a} = L \\ \hat{b} = U \end{cases}.$$

但是, 通过实例验证发现, 当使用本章介绍的数据归一化方法之后, 若最终落入区间 $[L, U]$ 的数据极少, 则该方法会得到无效的 CRPS 结果 (MATLAB 运行结果中会出现 "NaN" 结果, 即 "Not a number"). 因此, 在后面的研究和讨论中都不再使用此方法.

为了得到截尾点参数的有效估计值, 本章介绍以下 5 种截尾点参数估计方法:

定义 8.33 定义左、右截尾点参数的估计值分别为:

$$\begin{cases} \hat{a} = \min_i \left\{ x_i^{\text{final}} \right\} \\ \hat{b} = \max_i \left\{ x_i^{\text{final}} \right\} \end{cases},$$

并称该截尾点参数估计方法为截尾点参数估计方法 1.

截尾点参数估计方法 1 仅考虑了训练数据集的数据的相关属性, 并没有将训练集之外的数据的属性考虑在内. 若是训练数据与非训练数据的划分不合理, 使得最终得到的训练数据集与非训练数据集的数据之间的差异较大, 则该方法显然不足以给出截尾点参数的合理估计值. 因此, 借助于 "3 sigma" 原则来给出截尾点参数的合理估计值.

定义 8.34 定义左、右截尾点参数的估计值分别为:

$$\begin{cases} \hat{a} = \mu - 3\sigma \\ \hat{b} = \mu + 3\sigma \end{cases},$$

并称该截尾点参数估计方法为截尾点参数估计方法 2.

定义 8.35 定义左、右截尾点参数的估计值分别为:

$$\begin{cases} \hat{a} = \min \left\{ \min_i \left\{ x_i^{\text{final}} \right\}, \mu - 3\sigma \right\} \\ \hat{b} = \max \left\{ \max_i \left\{ x_i^{\text{final}} \right\}, \mu + 3\sigma \right\} \end{cases},$$

并称该截尾点参数估计方法为截尾点参数估计方法 3.

事实上, 若随机变量 $Z \sim N(\mu, \sigma^2)$, 则变量 Z 的取值落在区间 $(\mu - 3\sigma, \mu + 3\sigma)$ 的概率约为 0.9973, 也就是说, $P(|Z - \mu| < 3\sigma) \approx 0.9973$. 根据以下定理可知, 若随机变量 $X \sim N^{a,b}(\mu, \sigma^2)$, 则由截尾点估计方法 2 和方法 3 确定的截尾点使得变量 X 的取值落在区间 $(\hat{a}, \hat{b})$ 之外的概率不大于 0.3%.

定理 8.36 通过定义 8.34 和定义 8.35 给出的 $\hat{a}$ 和 $\hat{b}$ 满足

$$\int_{\hat{a}}^{\hat{b}} g(x \mid \mu, \sigma, a, b) \, \mathrm{d}x \geqslant P(|Z - \mu| < 3\sigma).$$

证明: 根据定义 8.34 和定义 8.35 可知: $(\mu - 3\sigma, \mu + 3\sigma) \subseteq (\hat{a}, \hat{b})$. 事实上, 在截尾点估计方法 2 中, 符号 $\subseteq$ 可以用 $=$ 替换, 也就是说, 由定义 8.34 给出的 $\hat{a}$ 和 $\hat{b}$ 满足: $(\mu - 3\sigma, \mu + 3\sigma) = (\hat{a}, \hat{b})$. 因此,

$$\int_{\hat{a}}^{\hat{b}} g(x \mid \mu, \sigma, a, b) \, \mathrm{d}x \geqslant \int_{\mu - 3\sigma}^{\mu + 3\sigma} g(x \mid \mu, \sigma, a, b) \, \mathrm{d}x.$$

进一步地,

$$\begin{aligned}
&\int_{\mu - 3\sigma}^{\mu + 3\sigma} g(x \mid \mu, \sigma, a, b) \, \mathrm{d}x \\
&= \frac{\Phi((\mu + 3\sigma - \mu)/\sigma) - \Phi((\mu - 3\sigma - \mu)/\sigma)}{\Phi((b - \mu)/\sigma) - \Phi((a - \mu)/\sigma)} \\
&= \frac{P(|Z - \mu| < 3\sigma)}{\Phi((b - \mu)/\sigma) - \Phi((a - \mu)/\sigma)}.
\end{aligned}$$

由于 $0 < \Phi((b - \mu)/\sigma) - \Phi((a - \mu)/\sigma) \leqslant 1$, 因此,

$$\int_{\mu - 3\sigma}^{\mu + 3\sigma} g(x \mid \mu, \sigma, a, b) \geqslant P(|Z - \mu| < 3\sigma).$$

利用不等式的传递性, 可知:

$$\int_{\hat{a}}^{\hat{b}} g(x \mid \mu, \sigma, a, b) \geqslant P(|Z - \mu| < 3\sigma).$$

得证.

此外, 除 "3 sigma" 原则外, 还可以将 "6 sigma" 原则引入截尾点参数估计中.

定义 8.37 定义左、右截尾点参数的估计值分别为:

$$\begin{cases} \hat{a} = \mu - 6\sigma \\ \hat{b} = \mu + 6\sigma \end{cases},$$

并称该截尾点参数估计方法为截尾点参数估计方法 4.

定义 8.38 定义左、右截尾点参数的估计值分别为:
$$\begin{cases} \hat{a} = \min\left\{\min_i\left\{x_i^{\text{final}}\right\}, \mu - 6\sigma\right\} \\ \hat{b} = \max\left\{\max_i\left\{x_i^{\text{final}}\right\}, \mu + 6\sigma\right\} \end{cases},$$

并称该截尾点参数估计方法为截尾点参数估计方法 5.

类似于截尾点参数估计方法 2 和方法 3, 用截尾点参数估计方法 4 和方法 5 定义的截尾点可以使得截尾分布位于区间 $(\hat{a}, \hat{b})$ 之外的概率不大于 0.000001%.

8.3.2 损失函数

在截尾点参数估计方法 2−5 中, 均含有两个未知参数: 位置参数 μ 与尺度参数 σ. 这里使用布谷鸟搜寻方法来估计这两个参数的值. 首先, 来给出本章使用布谷鸟搜寻算法时所使用的损失函数. 由于 CRPS 只定义了某一个特定值 x 处的损失值, 因此, 本章采用 CRPS 的平均值来衡量 n 个数据 $x_1, x_2, \cdots, x_n$ 所对应的整体损失值, 即用以下函数作为损失函数:

$$Loss = \frac{1}{n}\sum_{i=1}^{n}\text{CRPS}\left(F_Y, x_i\right). \tag{8.4}$$

8.4 双侧截尾正态分布拟合预测优化及其异常值检测应用

采用本章所介绍的模型, 本章按如下步骤构造了一种异常值检测算法:

基于双侧截尾正态分布的异常值检测算法:

步骤 1: 从原始数据序列中提取有效的属性信息;

步骤 2: 将已给定标签的数据划分为两个集合:

训练集: $\{(x_{\text{train}}(1), y_{\text{train}}(1)), (x_{\text{train}}(2), y_{\text{train}}(2)), \cdots, (x_{\text{train}}(m_{\text{train}}), y_{\text{train}}(m_{\text{train}}))\}$,

验证集: $\{(x_{\text{CV}}(1), y_{\text{CV}}(1)), (x_{\text{CV}}(2), y_{\text{CV}}(2)), \cdots, (x_{\text{CV}}(m_{\text{CV}}), y_{\text{CV}}(m_{\text{CV}}))\}$;

步骤 3: 将训练集中的正常值 (对应标签为 0) 及异常值 (对应标签为 1) 分别划分为两个集合: 训练集 1: $\{(x_{\text{train}}^{\text{anomalous}}(1), 1), (x_{\text{train}}^{\text{anomalous}}(2), 1), \cdots, (x_{\text{train}}^{\text{anomalous}}(m_1), 1)\}$; 训练集 2: $\{(x_{\text{train}}^{\text{normal}}(1), 0), (x_{\text{train}}^{\text{normal}}(2), 0), \cdots, (x_{\text{train}}^{\text{normal}}(m_2), 0)\}$, 其中, $m_1 + m_2 = m_{\text{train}}$;

步骤 4: 得到对应于异常数据第 i ($i = 1, 2, \cdots, D$) 个分量的位置参数 μ_{1i} 及尺度参数 σ_{1i} 的估计值 $\hat{\mu}_{1i}$ 及 $\hat{\sigma}_{1i}$ 和左截尾点 a_{1i} 及右截尾点 b_{1i} 的估计值 $\hat{a}_{1i}$ 及 $\hat{b}_{1i}$;

步骤 5: 得到对应于正常数据第 i $(i = 1, 2, \cdots, D)$ 个分量的位置参数 μ_{2i} 及尺度参数 σ_{2i} 的估计值 $\hat{\mu}_{2i}$ 及 $\hat{\sigma}_{2i}$ 和左截尾点 a_{2i} 及右截尾点 b_{2i} 的估计值 $\hat{a}_{2i}$ 及 $\hat{b}_{2i}$;

步骤 6: 采用本章提出的基于连续分级概率评分的双侧截尾正态分布分别得到正常数据与异常数据的概率分布拟合函数;

步骤 7: 给出该异常值检测算法在验证集上的数据的预测值. 给定阈值 $\epsilon = 0.0001$ 及原假设和备择假设:

$$\mathcal{H}_0 : \lambda_1 g_{\text{anomalous}}(x) > \lambda_2 g_{\text{normal}}(x), \mathcal{H}_1 : \lambda_1 g_{\text{anomalous}}(x) \leqslant \lambda_2 g_{\text{normal}}(x),$$

其中, $\lambda_1 = m_1 / (m_1 + m_2)$, $\lambda_2 = m_2 / (m_1 + m_2)$, m_1 和 m_2 分别为训练集中异常数据和正常数据对的个数.

步骤 8: 计算该异常值检测算法针对验证集的检测精度.

步骤 9: 重复步骤 8 并判断需给定标签的各数据的标签.

该算法的伪代码如算法 8.1 所示. 本章采用如下的异常值检测精度衡量准则量化检测精度.

定义 8.39 定义 TP 为实际为异常值, 且相应的预测结果亦为异常值的数据形成的集合; FP 为实际为正常值, 且相应的预测结果为异常值的数据形成的集合; FN 为实际为异常值, 且相应的预测结果为正常值的数据形成的集合; TN 为实际为正常值, 且相应的预测结果亦为正常值的数据形成的集合.

根据定义 8.39 可知: FP 中的元素所对应的零假设事实上成立, 但异常值检测的结果不支持零假设 (拒绝零假设), 因此, 可认为 FP 对应于 "型 I 错误"; 类似地, 可认为 FN 对应于 "型 II 错误".

根据定义 8.39, 可以根据如下定义的 Fscore 值 (Wang et al., 2013)、分类率 CR (Ebrahimi et al., 2014) 以及加权精度 WA (Laorden et al., 2014) 来评判模型的异常值检测精度:

$$\text{Fscore} = 2 \frac{\text{Precison} \cdot \text{Recall}}{\text{Precision} + \text{Recall}},$$
$$\text{CR} = \frac{|TP| + |TN|}{|TP| + |FP| + |FN| + |TN|},$$

算法 8.1　基于双侧截尾正态分布的异常值检测算法

输入： 已给定标签的正常数据和异常数据, 需确定标签的数据, 需采用的截尾点参数估计方法编号, 目标归一化区间左端点 L 及右端点 U

输出： 需确定标签的数据的相应标签

1: 设定 N 个鸟巢 $y_1, y_2, \cdots, y_N$ 的初值;
2: **for** $i \leftarrow 1$ **to** D **do** ▷ 确定异常数据的位置参数和尺度参数
3: 　**while** 算法终止条件未达到 **do**
4: 　　通过 Lévy 飞行随机生成一只布谷鸟 (假设其编号为 k);
5: 　　计算对应于该布谷鸟的损失函数 $Loss_{\text{anomalous}}(y_k)$;
6: 　　从 N 个鸟巢中随机选取一个 (假设其编号为 j);
7: 　　计算对应于该鸟巢的损失函数 $Loss_{\text{anomalous}}(y_j)$;
8: 　　**if** $(Loss_{\text{anomalous}}(y_k) < Loss_{\text{anomalous}}(y_j))$ **then**
9: 　　　用生成的编号为 i 的布谷鸟代替编号为 j 的鸟巢;
10: 　　**end if**
11: 　　遗弃占总数百分比为 p_a 的最差的鸟巢, 并通过 Lévy 飞行建立新的鸟巢;
12: 　　保留最好的鸟巢;
13: 　　对目前的搜寻解进行排序并找到目前的最优解;
14: 　**end while**
15: 　**if** 截尾点参数估计方法编号$==1$ **then**
16: 　　$\hat{a}_{1i} \leftarrow \min_{j=1}^{m_1} \left\{ \frac{x_{\text{train},i}^{\text{anomalous}}(j) - Min}{Max - Min} \cdot (U - L) + L \right\}$;
17: 　　$\hat{b}_{1i} \leftarrow \max_{j=1}^{m_1} \left\{ \frac{x_{\text{train},i}^{\text{anomalous}}(j) - Min}{Max - Min} \cdot (U - L) + L \right\}$;
18: 　**else if** 截尾点参数估计方法编号$==2$ **then**
19: 　　$\hat{a}_{1i} \leftarrow \hat{\mu}_{1i} - 3 \cdot \hat{\sigma}_{1i}$;
20: 　　$\hat{b}_{1i} \leftarrow \hat{\mu}_{1i} + 3 \cdot \hat{\sigma}_{1i}$;
21: 　**else if** 截尾点参数估计方法编号$==3$ **then**
22: 　　$\hat{a}_{1i} \leftarrow \min \left\{ \min_{j=1}^{m_1} \left\{ \frac{x_{\text{train},i}^{\text{anomalous}}(j) - Min}{Max - Min} \cdot (U - L) + L \right\}, \hat{\mu}_{1i} - 3\hat{\sigma}_{1i} \right\}$;
23: 　　$\hat{b}_{1i} \leftarrow \max \left\{ \max_{j=1}^{m_1} \left\{ \frac{x_{\text{train},i}^{\text{anomalous}}(j) - Min}{Max - Min} \cdot (U - L) + L \right\}, \hat{\mu}_{1i} + 3\hat{\sigma}_{1i} \right\}$;
24: 　**else if** 截尾点参数估计方法编号$==4$ **then**
25: 　　$\hat{a}_{1i} \leftarrow \hat{\mu}_{1i} - 6\hat{\sigma}_{1i}$;
26: 　　$\hat{b}_{1i} \leftarrow \hat{\mu}_{1i} + 6\hat{\sigma}_{1i}$;
27: 　**else if** 截尾点参数估计方法编号$==5$ **then**
28: 　　$\hat{a}_{1i} \leftarrow \min \left\{ \min_{j=1}^{m_1} \left\{ \frac{x_{\text{train},i}^{\text{anomalous}}(j) - Min}{Max - Min} \cdot (U - L) + L \right\}, \hat{\mu}_{1i} - 6\hat{\sigma}_{1i} \right\}$;
29: 　　$\hat{b}_{1i} \leftarrow \max \left\{ \max_{j=1}^{m_1} \left\{ \frac{x_{\text{train},i}^{\text{anomalous}}(j) - Min}{Max - Min} \cdot (U - L) + L \right\}, \hat{\mu}_{1i} + 6\hat{\sigma}_{1i} \right\}$;
30: 　**end if**
31: 　对训练集中的正常数据执行操作 3-30, 得到 $\hat{\mu}_{2i}, \hat{\sigma}_{2i}, \hat{a}_{2i}, \hat{b}_{2i}$; ▷ 确定正常数据的对应参数值
32: **end for**
33: $g_{\text{anomalous}}(x) \leftarrow \prod_{i=1}^{D} g\left(x_{\text{train},i}^{\text{anomalous}} | \mu_{1i}, \sigma_{1i}, a_{1i}, b_{1i}\right)$;
34: $g_{\text{normal}}(x) \leftarrow \prod_{i=1}^{D} g\left(x_{\text{train},i}^{\text{normal}} | \mu_{2i}, \sigma_{2i}, a_{2i}, b_{2i}\right)$;
35: **if** $(g_{\text{anomalous}}(x) < \epsilon)$ **then**
36: 　x 为正常值;
37: **else if** $(g_{\text{normal}}(x) < \epsilon)$ **then**
38: 　x 为异常值;
39: **else if** $\mathcal{H}_0$ 成立 **then**
40: 　x 为异常值;
41: **else**
42: 　x 为正常值;
43: **end if**

$$WA = 1 - \frac{FNR + FPR}{2},$$

其中, 若用 $|\cdot|$ 表示集合中的元素个数, 则 Precison、Recall、FPR 及 FNR 的定义分别如下所示:

$$Precision = \frac{|TP|}{|TP| + |FP|},$$

$$Recall = \frac{|TP|}{|TP| + |FN|},$$

$$FPR = \frac{|FP|}{|FP| + |TN|},$$

$$FNR = \frac{|FN|}{|FN| + |TP|}.$$

8.5　实例应用

8.5.1　实例数据

本章采用两组数据序列对上述提出的新模型效果进行检验. 这两组数据序列分别为: 包含 3 个类别的 Iris 数据序列 (Bache & Lichman, 2013) 以及包含 2 个类别的 fourclass 数据序列 (Chang & Lin, 2011; Ho & Kleinberg, 1996), 其中, Iris 数据序列的 3 个类别各包含 50 个数据. 在本章, 将原始数据序列中类别为 1 和 3 的视为正常数据, 将类别为 2 的视为异常数据. 类似地, 将 fourclass 数据序列中属性标号为 1 的视为异常数据, 其总个数为 307, 将数据序列中属性标号为 −1 的视为正常数据, 其总个数为 555. 通常, 当原始数据的属性个数大于 1 时, 这些属性表征的数据特征可能具有冗余性. 因此, 应先对数据中的有用属性进行提取. 常用的特征提取方法有: 自相关函数法 (Barkana & Uzkent, 2011)、扩展样本的自相关函数法 (Lee & Jhee, 1994) 以及主成分分析法 (Chen & Sun, 2005). 本章采用主成分分析法对数据的有用属性进行筛选和提取. 通过主成分分析方法, Iris 数据序列的最终属性个数降为 2, fourclass 数据序列的属性个数仍为 2. 因此, 在接下来的模拟分析中, 将用从 Iris 数据中提取出来的数据进行分析.

8.5.2　初始化参数选择

观察发现, 布谷鸟搜寻算法的执行需事先确定一些参数的值, 如: 鸟巢的个数 N,

概率值 P_a, 步长变化速率 r 以及 β. 设定初值 $N = 10, P_a = 0.25$, 并通过一些测试来观察标准布朗运动与 Lévy 飞行的路径, 以选取 r 和 β 的较为合理的值. 在这组测试中, r 的取值为 0.001 或者 0.01, β 的取值为 1 或者 3/2.

3 种随机游走 (即: 标准布朗运动、$\beta = 1$ 时的 Lévy 飞行以及 $\beta = 3/2$ 时的 Lévy 飞行) 在不同参数取值下的均值以及标准差见表 8.1, 其中一维、二维和三维的随机游走分别始于原点 0、(0,0) 和 (0,0,0), 游走范围分别为区间 [0,1]、正方形 [0,1]×[0,1] 和正方体 [0,1]×[0,1]×[0,1].

表 8.1　2000 步布朗运动和 Lévy 飞行的均值和标准差

维数	随机游走类型	步长变化速率: 0.001	
		均值	标准差
一维	布朗运动	-0.0281	0.0142
	Lévy: $\beta = 1$	-0.2091	0.2172
	Lévy: $\beta = 3/2$	-0.0519	0.0656
二维	布朗运动	$[-0.0513, -0.0124]$	$[0.0417, 0.0327]$
	Lévy: $\beta = 1$	$[0.1414, -1.2933]$	$[0.7460, 1.0347]$
	Lévy: $\beta = 3/2$	$[-0.0136, 0.2367]$	$[0.1303, 0.1297]$
三维	布朗运动	$[0.0704, -0.0223, 0.0019]$	$[0.0353, 0.0142, 0.0158]$
	Lévy: $\beta = 1$	$[1.4159, -0.5870, -0.1698]$	$[1.0422, 0.9804, 0.8291]$
	Lévy: $\beta = 3/2$	$[-0.0996, 0.0063, -0.0032]$	$[0.1709, 0.1348, 0.0637]$

维数	随机游走类型	步长变化速率: 0.01	
		均值	标准差
一维	布朗运动	-0.0596	0.1538
	Lévy: $\beta = 1$	-6.3423	4.2166
	Lévy: $\beta = 3/2$	-0.9480	1.0310
二维	布朗运动	$[-0.8021, 0.0536]$	$[0.3971, 0.3181]$
	Lévy: $\beta = 1$	$[-5.5671, -2.5540]$	$[10.8573, 9.4953]$
	Lévy: $\beta = 3/2$	$[-1.9631, 1.3186]$	$[0.9889, 0.7616]$
三维	布朗运动	$[-1.1963, -0.1826, 0.0471]$	$[0.6519, 0.2959, 0.2095]$
	Lévy: $\beta = 1$	$[-3.3957, -4.4475, 2.5120]$	$[5.6875, 6.1787, 6.0938]$
	Lévy: $\beta = 3/2$	$[-1.7581, -0.3664, 0.2592]$	$[1.0482, 0.7010, 1.3708]$

通过表 8.1 以及实验模拟可发现: 在随机游走步数均为 2000 的前提下, 3 种随机游走在步长变化速率 $r = 0.01$ 的情形下比相应的随机游走在 $r = 0.001$ 的情形下游走范围更广, 且 $\beta = 1$ 时的 Lévy 飞行的游走范围过于广阔, 这是不希望出现的. 此外, 布朗运动的扩散范围明显小于 $\beta = 3/2$ 时的 Lévy 飞行的游走范围. 因此, 若参数的分布范围较广, 布朗运动将会耗费较长的时间去搜寻最优参数值. 所以最终确定的

参数值为 $r = 0.01,\ \beta = 3/2$.

8.5.3 不同标准化区间对模型的影响

为了考察不同标准化区间对本章所提出新模型的影响, 考虑以下 3 种情形:

(1) 情形 (a): 训练数据序列的比例为 90%, 标准化区间为 [0,1];

(2) 情形 (b): 训练数据序列的比例为 90%, 标准化区间为 [−1,0];

(3) 情形 (c): 训练数据序列的比例为 90%, 标准化区间为 [−1,1].

即情形 (c) 下的标准化区间的长度为情形 (a) 与情形 (b) 下标准化区间长度的 2 倍.

需要注意的是, 为了使 3 种不同情形下的结果具有可比性, 3 种情形下的训练数据序列和测试数据序列均相同. 此外, 若假设原始数据序列中数据的总个数为 n, 则在 $0.9n$ 不是整数的情形下, 只需用四舍五入得到的整数代替 $0.9n$ 即可.

表 8.2－表 8.4 分别给出了迭代步数为 2000 时情形 (a)、(b)、(c) 的参数估计值和损失函数值. 这里的迭代步数通过以下原则选取: 所选取的迭代步数必须使 3 种情形下的布谷鸟搜寻方法均收敛. 此外, 众所周知, 对于训练数据的拟合效果并不代表对于测试数据具有相同的效果, 因此, 除训练数据集的最小损失函数的值 L(训练) 外, 表 8.2－表 8.4 还给出了测试数据集的损失函数值 L(测试).

从表 8.2－表 8.4 可以看出, 除 Iris 正常数据序列的属性 2 之外, 无论标准化区间如何变化, 当截断点估计方法选取方法 2 和方法 3 时, 截断点完全由 "3sigma" 原则确定, 即左截断点等于 $\mu - 3\sigma$, 右截断点等于 $\mu + 3$; 当截断点估计方法选取方法 4 和方法 5 时, 截断点完全由 "6sigma" 原则确定. 对于 Iris 正常数据序列的属性 2 而言, 当使用截断点估计方法 3 时, 左右截断点不再是 $\mu - 3\sigma$ 和 $\mu + 3\sigma$, 而分别是 $\min_i\{x_i^{\text{final}}\}$ 和 $\max_i\{x_i^{\text{final}}\}$ (如表中黑体所示). 并且, 除 Iris 正常数据序列的属性 2 之外, 对于其他数据序列的其他属性而言, 通过截断点估计方法 2 和截断点估计方法 3 得到的 L(训练) 值和 L(测试) 值几乎相等, 截断点估计方法 4 和截断点估计方法 5 也是如此. 通过截断点估计方法 4 和截断点估计方法 5 得到的 L(训练) 值和 L(测试) 值小于通过截断点估计方法 2 和截断点估计方法 3 得到的相应值, 也小于通过截断点估计方法 1 得到的相应值.

表 8.2 情形 (a) 下 Iris 和 fourclass 数据序列参数估计值和损失函数值

截断点估计方法	数据类型	属性	Iris 数据序列					
			μ	σ	a	b	L(训练)	L(测试)
方法 1	正常	1	0.4823	0.6984	-1.2390	1.9978	0.8760	0.8178
		2	0.2026	0.2265	-0.5306	1.000	0.1555	0.1234
	异常	1	0.5469	0.1862	0	1.000	0.1469	0.1408
		2	0.4138	0.1507	0	1.0164	0.1461	0.1635
方法 2	正常	1	0.1479	1.4019	-4.0578	4.3536	0.7256	0.6813
		2	0.1970	0.2612	-0.5866	0.9806	0.1559	0.1262
	异常	1	0.5307	0.2525	-0.2268	1.2882	0.1432	0.1392
		2	0.4001	0.2422	-0.3265	1.1267	0.1379	0.1526
方法 3	正常	1	0.1477	1.4019	-4.0580	4.3534	0.7256	0.6813
		2	0.2023	0.2266	$\mathbf{-0.5306}$*	$\mathbf{1.000}$**	0.1555	0.1235
	异常	1	0.5306	0.2526	-0.2272	1.2884	0.1432	0.1392
		2	0.4001	0.2422	-0.3265	1.1267	0.1379	0.1526
方法 4	正常	1	0.1481	1.4289	-8.4253	8.7215	0.7132	0.6697
		2	0.1971	0.2680	-1.4109	1.8051	0.1535	0.1241
	异常	1	0.5305	0.2587	-1.0217	2.0827	0.1409	0.1371
		2	0.4004	0.2483	-1.0894	1.8902	0.1357	0.1502
方法 5	正常	1	0.1480	1.4289	-8.4254	8.7214	0.7132	0.6697
		2	0.1971	0.2680	-1.4109	1.8051	0.1535	0.1241
	异常	1	0.5305	0.2589	-1.0229	2.0839	0.1409	0.1372
		2	0.4003	0.2482	-1.0889	1.8895	0.1357	0.1502

截断点估计方法	数据类型	属性	fourclass 数据序列					
			μ	σ	a	b	L(训练)	L(测试)
方法 1	正常	1	0.2003	0.2146	-0.3780	1.0551	0.2176	0.2076
		2	0.6247	0.2166	0	1.0755	0.1841	0.1809
	异常	1	0.6305	0.2198	0	1.000	0.1791	0.1430
		2	0.4761	0.1819	0	1.000	0.1895	0.2365
方法 2	正常	1	0.1812	0.3575	-0.8913	1.2537	0.2030	0.1913
		2	0.5941	0.3177	-0.3590	1.5472	0.1762	0.1724
	异常	1	0.5954	0.3132	-0.3442	1.5350	0.1699	0.1476
		2	0.4638	0.3178	-0.4896	1.4172	0.1728	0.2018
方法 3	正常	1	0.1812	0.3577	-0.8919	1.2543	0.2030	0.1913
		2	0.5942	0.3177	-0.3589	1.5473	0.1762	0.1724
	异常	1	0.5955	0.3131	-0.3438	1.5348	0.1699	0.1475
		2	0.4637	0.3180	-0.4903	1.4177	0.1728	0.2018
方法 4	正常	1	0.1821	0.3664	-2.0163	2.3805	0.1997	0.1884
		2	0.5937	0.3253	-1.3581	2.5455	0.1734	0.1696
	异常	1	0.5953	0.3201	-1.3253	2.5159	0.1671	0.1452
		2	0.4642	0.3249	-1.4852	2.4136	0.1699	0.1985
方法 5	正常	1	0.1818	0.3662	-2.0154	2.3790	0.1997	0.1883
		2	0.5937	0.3253	-1.3581	2.5455	0.1734	0.1696
	异常	1	0.5952	0.3201	-1.3254	2.5158	0.1671	0.1452
		2	0.4643	0.3250	-1.4857	2.4143	0.1699	0.1986

* 由于 $\mu-3\sigma$ 的值为 -0.4775, 大于 $\min\{x_i^{\mathrm{final}}\}$, 因此左截断点用 $\min\{x_i^{\mathrm{final}}\}$ 来估计, 其值为 -0.5306;

** 由于 $\mu+3\sigma$ 的值为 0.8821, 小于 $\max\{x_i^{\mathrm{final}}\}$, 因此右截断点用 $\max\{x_i^{\mathrm{final}}\}$ 来估计, 其值为 1.000.

表 8.3 情形 (b) 下 Iris 和 fourclass 数据序列参数估计值和损失函数值

截断点估计方法	数据类型	属性	Iris 数据序列					
			μ	σ	a	b	L(训练)	L(测试)
方法 1	正常	1	−0.5178	0.6982	−2.2390	0.9978	0.8760	0.8178
		2	−0.7973	0.2266	−1.5306	0	0.1555	0.1234
	异常	1	−0.4531	0.1859	−1.000	0	0.1469	0.1407
		2	−0.5862	0.1510	−1.000	0.0164	0.1461	0.1635
方法 2	正常	1	−0.8521	1.4019	−5.0578	3.3536	0.7256	0.6813
		2	−0.8029	0.2612	−1.5865	−0.0193	0.1559	0.1262
	异常	1	−0.4693	0.2525	−1.2268	0.2882	0.1432	0.1392
		2	−0.5999	0.2422	−1.3265	0.1267	0.1379	0.1526
方法 3	正常	1	−0.8522	1.4018	−5.0576	3.3532	0.7256	0.6813
		2	−0.7977	0.2266	−1.5306*	0**	0.1555	0.1235
	异常	1	−0.4692	0.2525	−1.2267	0.2883	0.1432	0.1392
		2	−0.5999	0.2419	−1.3256	0.1258	0.1379	0.1526
方法 4	正常	1	−0.8516	1.4287	−9.4238	7.7206	0.7132	0.6697
		2	−0.8029	0.2680	−2.4109	0.8051	0.1535	0.1241
	异常	1	−0.4695	0.2588	−2.0223	1.0833	0.1409	0.1371
		2	−0.5994	0.2481	−2.0880	0.8892	0.1357	0.1502
方法 5	正常	1	−0.8518	1.4288	−9.4246	7.7210	0.7132	0.6697
		2	−0.8029	0.2680	−2.4109	0.8051	0.1535	0.1241
	异常	1	−0.4695	0.2587	−2.0217	1.0827	0.1409	0.1371
		2	−0.5996	0.2483	−2.0894	0.8902	0.1357	0.1502

截断点估计方法	数据类型	属性	fourclass 数据序列					
			μ	σ	a	b	L(训练)	L(测试)
方法 1	正常	1	−0.7996	0.2147	−1.3780	0.0551	0.2176	0.2076
		2	−0.3754	0.2166	−1.000	0.0755	0.1841	0.1809
	异常	1	−0.3693	0.2198	−1.000	0	0.1791	0.1429
		2	−0.5241	0.1816	−1.000	0	0.1895	0.2365
方法 2	正常	1	−0.8185	0.3574	−1.8907	0.2537	0.2030	0.1914
		2	−0.4060	0.3177	−1.3591	0.5471	0.1762	0.1724
	异常	1	−0.4048	0.3133	−1.3447	0.5351	0.1699	0.1476
		2	−0.5360	0.3184	−1.4912	0.4192	0.1728	0.2018
方法 3	正常	1	−0.8189	0.3575	−1.8914	0.2536	0.2030	0.1913
		2	−0.4060	0.3176	−1.3588	0.5468	0.1762	0.1724
	异常	1	−0.4045	0.3133	−1.3444	0.5354	0.1699	0.1475
		2	−0.5364	0.3179	−1.4901	0.4173	0.1728	0.2017
方法 4	正常	1	−0.8181	0.3658	−3.0129	1.3767	0.1997	0.1883
		2	−0.4061	0.3259	−2.3615	1.5493	0.1734	0.1696
	异常	1	−0.4048	0.3197	−2.3230	1.5134	0.1671	0.1452
		2	−0.5357	0.3251	−2.4863	1.4149	0.1699	0.1986
方法 5	正常	1	−0.8182	0.3662	−3.0154	1.3790	0.1997	0.1883
		2	−0.4062	0.3254	−2.3586	1.5462	0.1734	0.1696
	异常	1	−0.4047	0.3203	−2.3265	1.5171	0.1671	0.1452
		2	−0.5357	0.3250	−2.4857	1.4143	0.1699	0.1986

* 由于 $\mu-3\sigma$ 的值为 −1.4775, 大于 $\min\{x_i^{\mathrm{final}}\}$, 因此左截断点用 $\min\{x_i^{\mathrm{final}}\}$ 来估计, 其值为 −1.5306;

** 由于 $\mu+3\sigma$ 的值为 −0.1179, 小于 $\max\{x_i^{\mathrm{final}}\}$, 因此右截断点用 $\max\{x_i^{\mathrm{final}}\}$ 来估计, 其值为 0.

表 8.4　情形 (c) 下 Iris 和 fourclass 数据序列参数估计值和损失函数值

截断点估计	数据类型	属性	Iris 数据序列					
			μ	σ	a	b	L(训练)	L(测试)
方法 1	正常	1	−0.0346	1.3966	−3.4781	2.9956	1.7521	1.6355
		2	−0.5945	0.4533	−2.0612	1.000	0.3111	0.2468
	异常	1	0.0943	0.3725	−1.000	1.000	0.2938	0.2816
		2	−0.1724	0.3020	−1.000	1.0329	0.2922	0.3271
方法 2	正常	1	−0.7042	2.8036	−9.1150	7.7066	1.4512	1.3627
		2	−0.6058	0.5224	−2.1730	0.9614	0.3118	0.2524
	异常	1	0.0614	0.5050	−1.4536	1.5764	0.2863	0.2783
		2	−0.1997	0.4843	−1.6526	1.2532	0.2758	0.3052
方法 3	正常	1	−0.7041	2.8037	−9.1152	7.7070	1.4512	1.3627
		2	−0.5948	0.4531	**−2.0612***	**1.000****	0.3111	0.2469
	异常	1	0.0614	0.5051	−1.4539	1.5767	0.2863	0.2783
		2	−0.1999	0.4844	−1.6531	1.2533	0.2758	0.3052
方法 4	正常	1	−0.7034	2.8573	−17.8472	16.4404	1.4265	1.3394
		2	−0.6058	0.5359	−3.8212	2.6096	0.3071	0.2483
	异常	1	0.0611	0.5174	−3.0433	3.1655	0.2818	0.2743
		2	−0.1993	0.4963	−3.1771	2.7785	0.2715	0.3004
方法 5	正常	1	−0.7033	2.8574	−17.8477	16.4411	1.4265	1.3394
		2	−0.6059	0.5360	−3.8219	2.6101	0.3071	0.2483
	异常	1	0.0611	0.5175	−3.0439	3.1661	0.2818	0.2743
		2	−0.1993	0.4963	−3.1771	2.7785	0.2715	0.3004

截断点估计	数据类型	属性	fourclass 数据序列					
			μ	σ	a	b	L(训练)	L(测试)
方法 1	正常	1	−0.5993	0.4293	−1.7559	1.1102	0.4352	0.4152
		2	0.2486	0.4331	−1.000	1.1509	0.3682	0.3618
	异常	1	0.2608	0.4393	−1.000	1.000	0.3582	0.2860
		2	−0.0482	0.3632	−1.000	1.000	0.3791	0.4730
方法 2	正常	1	−0.6376	0.7150	−2.7826	1.5074	0.4059	0.3826
		2	0.1881	0.6355	−1.7184	2.0946	0.3524	0.3448
	异常	1	0.1908	0.6265	−1.6887	2.0703	0.3398	0.2951
		2	−0.0725	0.6361	−1.9808	1.8358	0.3455	0.4036
方法 3	正常	1	−0.6377	0.7150	−2.7827	1.5073	0.4059	0.3826
		2	0.1882	0.6355	−1.7183	2.0947	0.3524	0.3448
	异常	1	0.1909	0.6265	−1.6886	2.0704	0.3398	0.2951
		2	−0.0726	0.6360	−1.9806	1.8354	0.3455	0.4035
方法 4	正常	1	−0.6363	0.7325	−5.0313	3.7587	0.3995	0.3767
		2	0.1875	0.6505	−3.7155	4.0905	0.3468	0.3392
	异常	1	0.1906	0.6398	−3.6482	4.0294	0.3342	0.2904
		2	−0.0714	0.6502	−3.9726	3.8298	0.3399	0.3971
方法 5	正常	1	−0.6363	0.7324	−5.0307	3.7581	0.3995	0.3767
		2	0.1874	0.6507	−3.7168	4.0916	0.3468	0.3392
	异常	1	0.1906	0.6404	−3.6518	4.0330	0.3342	0.2904
		2	−0.0715	0.6503	−3.9733	3.8303	0.3399	0.3971

* 由于 $\mu - 3\sigma$ 的值为 −1.9541, 大于 $\min\{x_i^{\text{final}}\}$, 因此左截断点用 $\min\{x_i^{\text{final}}\}$ 来估计, 其值为 −2.0612;

** 由于 $\mu + 3\sigma$ 的值为 0.7645, 小于 $\max\{x_i^{\text{final}}\}$, 因此右截断点用 $\max\{x_i^{\text{final}}\}$ 来估计, 其值为 1.000.

为了表征 5 种截断点估计方法的有效程度, 引进两个符号: 用 $A \succcurlyeq B$ 代表模型 A 的有效程度高于模型 B; 用 $C \approx D$ 代表模型 C 的有效程度与模型 D 相当, 则我们有如下结论:

(1) 若截断点估计值完全由 "3sigma" 原则和 "6sigma" 原则确定, 则: 截断点估计方法 5 $\approx$ 截断点估计方法 4 $\succcurlyeq$ 截断点估计方法 3 $\approx$ 截断点估计方法 2 $\succcurlyeq$ 截断点估计方法 1.

(2) 若截断点估计值不是由 "3sigma" 原则完全确定, 则:

- 当截断点估计方法 1 $\succcurlyeq$ 截断点估计方法 2 时, 5 种截断点估计方法的有效性排序为:截断点估计方法 5 $\approx$ 截断点估计方法 4 $\succcurlyeq$ 截断点估计方法 3 $\approx$ 截断点估计方法 1 $\succcurlyeq$ 截断点估计方法 2;

- 当截断点估计方法 2 $\succcurlyeq$ 截断点估计方法 1 时, 5 种截断点估计方法的有效性排序为:截断点估计方法 5 $\approx$ 截断点估计方法 4 $\succcurlyeq$ 截断点估计方法 3 $\approx$ 截断点估计方法 2 $\succcurlyeq$ 截断点估计方法 1.

将表 8.2 和表 8.3 两两进行比较可发现: 当标准化区间的长度相等时, 得到的损失值相等. 与表 8.4 对比可知: 若标准化区间的长度增大, 则损失函数值增大相应倍数. 这就说明不同的标准化区间对于模型几乎没有影响, 相同的结论在下一小节也将得到验证.

8.5.4 最终异常值检测结果

最后, 采用本章介绍的双侧截尾正态分布拟合预测优化模型对异常值检测结果进行模拟研究. 根据本章介绍的异常值检测算法, 首先, 对本章所介绍的算法在不同标准化区间下的检测精度进行模拟研究. 表 8.5 给出了不同标准化区间下异常值检测精度结果.

表 8.5 表明, 不同的标准化区间对最终的异常值检测精度并无影响, 且对于两组数据来说, 由截断点估计方法 2－5 得到的检测精度相同, 且高于由截断点估计方法 1 得到的检测精度. 对于 Iris 数据序列, 本章介绍的在截断点估计方法 2－5 下的优化模型检测效果较好.

表 8.5　不同标准化区间下异常值检测精度

情形	误差评判准则	Iris 数据序列				
		方法 1	方法 2	方法 3	方法 4	方法 5
情形 (a): 标准化区间为 [0,1]	Fscore	0.7500	1.0000	1.0000	1.0000	1.0000
	CR	0.8667	1.0000	1.0000	1.0000	1.0000
	WA	0.8000	1.0000	1.0000	1.0000	1.0000
情形 (b): 标准化区间为 [−1,0]	Fscore	0.7500	1.0000	1.0000	1.0000	1.0000
	CR	0.8667	1.0000	1.0000	1.0000	1.0000
	WA	0.8000	1.0000	1.0000	1.0000	1.0000
情形 (c): 标准化区间为 [−1,1]	Fscore	0.7500	1.0000	1.0000	1.0000	1.0000
	CR	0.8667	1.0000	1.0000	1.0000	1.0000
	WA	0.8000	1.0000	1.0000	1.0000	1.0000

情形	误差评判准则	fourclass 数据序列				
		方法 1	方法 2	方法 3	方法 4	方法 5
情形 (a): 标准化区间为 [0,1]	Fscore	0.8308	0.8387	0.8387	0.8387	0.8387
	CR	0.8721	0.8837	0.8837	0.8837	0.8837
	WA	0.8719	0.8739	0.8739	0.8739	0.8739
情形 (b): 标准化区间为 [−1,0]	Fscore	0.8308	0.8387	0.8387	0.8387	0.8387
	CR	0.8721	0.8837	0.8837	0.8837	0.8837
	WA	0.8719	0.8739	0.8739	0.8739	0.8739
情形 (c): 标准化区间为 [−1,1]	Fscore	0.8308	0.8387	0.8387	0.8387	0.8387
	CR	0.8721	0.8837	0.8837	0.8837	0.8837
	WA	0.8719	0.8739	0.8739	0.8739	0.8739

8.6　阅读材料

常见数据中常包含一些异常值, 异常值检测在现实生活中的众多领域都起着很重要的作用, 如检测网络中的异常入侵 (Park et al., 2010)、保障无线网络的通畅运行 (Moshtaghi et al., 2014)、垃圾邮件检测及过滤 (Laorden et al., 2014)、防御犯罪行为和识别安全威胁 (Leach et al., 2014) 以及飞机异常检测 (Ohlsson et al., 2014) 等.

根据不同的分类标准, 可将异常值检测方法分为不同的类型, 如 Bertini 等人 (Bertini et al., 2012) 将异常值检测方法分为有监督、半监督以及无监督 3 种; Ghanem 等人 (Ghanem et al., 2015) 将异常值检测方法分为 4 类: ① 基于统计的方法 (Javitz & Valdes, 1991; 1994; Porras & Neumann, 1997), 即通过统计量识别异常值; ② 基于规则的方法 (Depren et al., 2005; Ilgun et al., 1995; Viaene et al., 2000), 即通过 If-Then 或 If-Then-Else 规则描述异常数据的特征; ③ 基于状态的方法 (Khreich et al., 2012; Xiao et al., 2011), 即通过有限状态来描述异常数据的特征; ④ 启发式算法 (Ghanem et al., 2015; Li & Xiao, 2015). 其中, 基于统计的方法主要采用两类统计量对异常值特征进行描述, 一类为较简洁的统计量, 如均值、方差 (Song et al., 2012)、中位数和四分位数极差 (Akhoondzadeh, 2014) 等; 另一类为较具体的统计量, 包括概率密度 (He et al., 2008)、条件概率密度 (Mascaro et al., 2014)、Hurst 参数 (Li, 2006) 和熵 (Colucciaa, 2013; Giotis et al., 2014; Tan & Xi, 2008; Yu et al., 2011) 等.

参考文献

[1] 卢亚丽, 李艳华, 李战国, 等. 变限积分函数求导方法研究 [J]. 河南教育学院学报: 自然科学版, 2004, 13 (1): 4-6.

[2] 周民强. 实变函数论 [M]. 北京: 北京大学出版社, 2001.

[3] Akhoondzadeh M. Investigation of GPS-TEC measurements using ANN method indicating seismo-ionospheric anomalies around the time of the Chile (Mw=8.2) earthquake of 01 April 2014 [J]. Advances in Space Research, 2014, 54 (9): 1768-1772.

[4] Bache K, Lichman M. UCI Machine Learning Repository [DB/OL]. Irvine, CA: University of California, School of Information & Computer Science, 2013. http://archive.ics.uci.edu/ml.

[5] Baran S. Probabilistic wind speed forecasting using Bayesian model averaging with truncated normal components [J]. Computational Statistics & Data Analysis, 2014, 75: 227-238.

[6] Barkana B D, Uzkent B. Environmental noise classifier using a new set of feature parameters based on pitch range [J]. Applied Acoustics, 2011, 72 (11): 841-848.

[7] Bertini M, Bimbo A D, Seidenari L. Multi-scale and real-time non-parametric approach for anomaly detection and localization [J]. Computer Vision & Image Understanding, 2012, 116 (3): 320-329.

[8] Chang C C, Lin C J. LIBSVM: A library for support vector machines [J]. ACM

Transactions on Intelligent Systems & Technology, 2011.

 [9] Chen S, Sun T. Class-information-incorporated principal component analysis [J]. Neurocomputing, 2005, 69 (1-3): 216-223.

[10] Colucciaa A, D'Alconzo A, Ricciato F. Distribution-based anomaly detection via a generalized likelihood ratio test: A general Maximum Entropy approach [J]. Computer Networks, 2013, 57 (17): 3446-3462.

[11] Depren O, Topallar M, Anarim E, et al. An intelligent intrusion detection system (IDS) for anomaly and misuse detection in computer networks [J]. Expert Systems with Applications, 2005, 29 (4): 713-722.

[12] Ebrahimi E, Mollazade K, Babaei S. Toward an automatic wheat purity measuring device: A machine vision-based neural networks-assisted imperialist competitive algorithm approach [J]. Measurement, 2014, 55: 196-205.

[13] Elandt-Johnson R C, Johnson N L. Survival Models and Data Analysis [M]. New York: John Wiley and Sons, 1980.

[14] Ganivada A, Ray S S, Pal S K. Fuzzy rough sets, and a granular neural network for unsupervised feature selection [J]. Neural Networks, 2013, 48: 91-108.

[15] Ghanem T F, Elkilani W S, Abdul-kader H M. A hybrid approach for efficient anomaly detection using metaheuristic methods [J]. Journal of Advanced Research, 2015, 6 (4): 609-619.

[16] Giotis K, Argyropoulos C, Androulidakis G, et al. Combining OpenFlow and sFlow for an effective and scalable anomaly detection and mitigation mechanism on SDN environments [J]. Computer Networks, 2014, 62: 122-136.

[17] Gneiting T, Raftery A E. Strictly proper scoring rules, prediction and estimation [J]. Journal of the American Statistical Association, 2007, 102 (477): 359-378.

[18] He L, Pan Q, Di W, Li Y Q. Anomaly detection in hyperspectral imagery based on maximum entropy and nonparametric estimation [J]. Pattern Recognition Letters, 2008, 29 (9): 1392-1403.

[19] Hersbach H. Decomposition of the continous ranked probability score for ensemble prediction systems [J]. Weather & Forecasting, 2000, 15 (5): 559-570.

[20] Ho T K, Kleinberg E M. Building projectable classifiers of arbitrary complexity [C]. Proceedings of 13th International Conference on Pattern Recognition, 1996, 2: 880-885.

[21] Ilgun K, Kemmerer R, Porras P A. State transition analysis: A rule-based intrusion detection approach [J]. IEEE Transactions on Software Engineering, 1995, 21 (3): 181-199.

[22] Javitz H S, Valdes A. The SRI IDES statistical anomaly detector [C]. Proceedings of the 1991 IEEE Computer Society Symposium on Research in Security and Privacy, 1991: 316-326.

[23] Javitz H S, Valdes A. The NIDES statistical component description and justification [J]. Technical report, SRI International, 1994.

[24] Kalyani S, Swarup K S. Particle swarm optimization based K-means clustering approach for security assessment in power systems [J]. Expert Systems with Applications, 2011, 38 (9): 10839-10846.

[25] Khreich W, Granger E, Miri A, et al. Adaptive ROC-based ensembles of HMMs applied to anomaly detection [J]. Pattern Recognition, 2012, 45 (1): 208-230.

[26] Kuo R J, Hung S Y, Cheng W C. Application of an optimization artificial immune network and particle swarm optimization-based fuzzy neural network to an RFID-based positioning system [J]. Information Sciences, 2014, 262: 78-98.

[27] Laorden C, Ugarte-Pedrero X, Santos I, et al. Study on the effectiveness of anomaly detection for spam filtering [J]. Information Sciences, 2014, 277: 421-444.

[28] Leach M J V, Sparks E P, Robertson N M. Contextual anomaly detection in crowded surveillance scenes [J]. Pattern Recognition Letters, 2014, 44: 71-79.

[29] Lee J K, Jhee W C. A two-stage neural network approach for ARMA model

identification with ESACF [J]. Decision Support Systems, 1994, 11 (5): 461-479.

[30] Li M. Change trend of averaged Hurst parameter of traffic under DDOS flood attacks [J]. Computers & Security, 2006, 25 (3): 213-220.

[31] Li T, Xiao N F. Novel heuristic dual-ant clustering algorithm for network intrusion outliers detection [J]. Optik, 2015, 126 (4): 494-497.

[32] Mascaro S, Nicholson A E, Korb K B. Anomaly detection in vessel tracks using Bayesian networks [J]. International Journal of Approximate Reasoning, 2014, 55 (1): 84-98.

[33] Matheson J E, Winkler R L. Scoring rules for continuous probability distributions [J]. Management Science, 1976, 22 (10): 1087-1096.

[34] Moshtaghi M, Leckie C, Karunasekera S, et al. An adaptive elliptical anomaly detection model for wireless sensor networks [J]. Computer Networks, 2014, 64: 195-207.

[35] Ohlsson H, Chen T, Pakazad S K, et al. Scalable anomaly detection in large homogeneous populations [J]. Automatica, 2014, 50 (5): 1459-1465.

[36] Park N H, Sang O H, Lee W S. Anomaly intrusion detection by clustering transactional audit streams in a host computer [J]. Information Sciences, 2010, 180 (12): 2375-2389.

[37] Phillip A, Porras P, Neumann G. Emerald: Event monitoring enabling responses to anomalous live disturbances [R]. Technical report, SRI International, Menlo Park, CA 94025, 1997.

[38] Song W D, Wang R L, Wang J. A simple and valid analysis method for orbit anomaly detection [J]. Advances in Space Research, 2012, 49 (2): 386-391.

[39] Sun A X, Lim E P, Liu Y. On strategies for imbalanced text classification using SVM: A comparative study [J]. Decision Support Systems, 2009, 48 (1): 191-201.

[40] Tan X B, Xi H S. Hidden semi-Markov model for anomaly detection [J]. Applied Mathematics & Computation, 2008, 205 (2): 562-567.

[41] Viaene S, Wets G, Vanthienen J. A synthesis of fuzzy rule-based system verification [J]. Fuzzy Sets & Systems, 2000, 113 (2): 253-265.

[42] Wang J, Chung F L, Deng Z H, et al. Weighted spherical 1-mean with phase shift and its application in electrocardiogram discord detection [J]. Artificial Intelligence in Medicine, 2013, 57 (1): 59-71.

[43] Wilks D S. Statistical methods in the atmospheric sciences [M]. San Diego, CA, USA, 1995.

[44] Xiao X, Xia S T, Tian X G, et al. Anomaly detection of user behavior based on DTMC with states of variable-length sequences [J]. The Journal of China Universities of Posts & Telecommunications, 2011, 18 (6): 106-115.

[45] Yu W, Wang X, Champion A, et al. On detecting active worms with varying scan rate [J]. Computer Communications, 2011, 34 (11): 1269-1282.